走进大自然

裸子植物

王艳⊙ 编写

吉林出版集团股份有限公司

图书在版编目（CIP）数据

走进大自然.裸子植物 / 王艳编写. —— 长春：吉林出版集团股份有限公司，2013.5

ISBN 978-7-5534-1605-2

Ⅰ．①走… Ⅱ．①王… Ⅲ．①自然科学－少儿读物②裸子植物亚门－少儿读物 Ⅳ．①N49②Q949.6-49

中国版本图书馆CIP数据核字(2013)第062694号

走进大自然·　裸子植物

ZOUJIN DAZIRAN LUOZI ZHIWU

编　　写	王　艳	
策　　划	刘　野	
责任编辑	李婷婷	
封面设计	贝　尔	
开　　本	680mm×940mm　1/16	
字　　数	100千	
印　　张	8	
版　　次	2013年7月　第1版	
印　　次	2018年5月　第4次印刷	

出　　版	吉林出版集团股份有限公司
发　　行	吉林出版集团股份有限公司
地　　址	长春市人民大街4646号
	邮编：130021
电　　话	总编办：0431-88029858
	发行科：0431-88029836
邮　　箱	SXWH00110@163.com
印　　刷	山东海德彩色印刷有限公司

书　　号	ISBN 978-7-5534-1605-2
定　　价	25.80元

目 录

Contents

植物界基本类群的划分

蕨类植物

　　在地球上，自从生命产生至今，经历了近35亿年的漫长发展与进化历程，形成了约200万种的现存生物，其中属于植物界的生物有30多万种。

　　在距今35亿年的太古地层中，考古学家发现了菌类植物和藻类植物的化石。大约在距今4亿多年前的志留纪，具有真正维管束的植物出现，植物摆脱了水域的束缚，将生态领域扩展到陆地，为大地披上了绿装，也促进了原始大气中氧气的循环和积累。

　　植物界包括藻类植物、苔藓植物、蕨类植物、裸子植物和被子植物等。绿色植物借光合作用以水、二氧化碳和无机盐等无机物，制造有机物，并释放出氧。非绿色植物分解现成的有机物，释放二氧化碳和水。有些植物属于寄生类型，依靠寄主生存。植物的活动及其产物同人类的关系极其密切，植物是人类生存必不可少的一部分。

菌类植物

菌类植物是一类低等植物，一般不含光合色素，进行异养生活，生活方式主要为寄生和腐生，分为细菌门、黏菌门、真菌门，彼此之间不具自然亲缘关系。

藻类植物

藻类植物是比较原始的一类低等植物，含有光合色素，依靠自养生活，广泛分布于世界各地，主要分为蓝藻门、裸藻门、绿藻门、金藻门、甲藻门、红藻门和褐藻门。

苔藓植物

苔藓植物是结构简单的原始陆生高等植物，植株矮小，构造简单，较高等的类型有类似茎、叶的分化，没有真正的根，大多数种类生活在潮湿的环境中，分为苔纲、藓纲。

树林

高等植物的定义

高等植物是植物界中株体最大，形态结构与生理功能十分复杂的一类植物。除少数水生类型外，均为陆生；由于长期适应陆地环境条件，除苔藓植物外，高等植物都有根、茎、叶和维管束的分化。这类植物的生活周期具有明显的世代交替，即有性世代的配子体与无性世代的孢子体有规律地交替出现。生殖器官由多细胞构成，受精卵发育成胚，并长成植株。高等植物可分为苔藓、蕨类植物、裸子植物和被子植物四个门。

低等植物则是一类形态、结构和生活方式较简单，在进化过程中处于较低级的植物，一般没有根、茎、叶的分化，整个植物体呈叶状或丝状，甚至一个植物体只由单个细胞形成。它们多数生活在水中，如生活在淡水中的单细胞藻类。

裸子植物

蕨类植物

低等植物

低等植物在发育的过程中不出现胚，植物体构造简单，一般没有组织分化，有性生殖器官是单细胞的，主要是指藻类植物、菌类植物和地衣植物。

被子植物

被子植物是植物在演化阶段最后出现的种类，是植物界最高级的一类，适应性强，结构复杂且完善。地球上已知的被子植物约20万种，分布范围极广。

蕨类植物

蕨类植物是一类比较低级的高等植物，是最原始的维管植物，大多数为草本植物，少数为木本植物，有根、茎、叶，没有花，依靠孢子繁殖，世代交替明显。

高等植物

裸子植物的定义

松柏纲的植物是常见的裸子植物

　　裸子植物是指种子植物中，胚珠位于开放的孢子叶上边缘或叶面的植物，意指"裸露的种子"，其孢子叶通常排列成圆锥形。裸子植物是植物界的一门，现存71属800种，中国有41属近300种，隶属于5纲，即苏铁纲、银杏纲、松柏纲、红豆杉纲和买麻藤纲。

　　裸子植物的孢子体非常发达，绝大多数为常绿乔木或灌木。叶多为针形、线形或鳞片形的小叶，少数为扇形的单叶或羽状复叶。这类植物的叶耐旱力特别强，冬季产生树脂闭塞气孔，水分含量明显降低。茎内有发达的维管束，具形成层。与被子植物相比，裸子植物体内组织仍较原始，即木质部只有管胞而无导管（买麻藤除外），韧皮部只有筛细胞而无筛管与伴胞；已产生胚珠，但未形成子房；种子成熟后裸露，无果皮包被，因此只有种子而不形成果实，这是裸子植物最主要的特征。

胚　珠

　　胚珠由珠柄、珠被、珠孔和珠心组成，分为直生胚珠、倒生胚珠、横生胚珠、弯生胚珠等，受精后发育成种子。被子植物的胚珠位于子房内，裸子植物的胚珠裸露地着生于大孢子叶上。

珠　被

　　珠被是胚珠的一部分，在受精后变成种皮，位于珠心之外，具有保护珠心的作用。绝大多数被子植物有两层珠被，裸子植物有一层珠被。有些植物的珠被最内层能特化成珠被绒毡层。

珠　心

　　珠心是胚珠的一部分，位于珠被之内，由薄壁细胞组成，被珠被包裹。受精后珠心退化，在种子成熟后消失，有些植物的珠心成为假种皮，有些植物的珠心成为种子的外胚乳。

黄花落叶松

7

苏 铁 纲

苏铁

　　苏铁纲植物多具大型羽状复叶，少数具单叶；叶螺旋状排列，革质，顶生，幼叶卷曲，叶落后叶基常残留在茎上，多具平行叶脉，少数为扇形脉或网状脉。茎大多较粗短，原始类型分叉，较进化类型不分叉，其表面常具叶落后残留的叶基，内部虽有形成层，但次生木质部不发育，树皮和髓部较厚。雌雄同株或异株，花为单性花或两性花。大小孢子叶球分别着生在不同植株顶端，小孢子叶球由多数小孢子叶螺旋排列轴上而成，每个小孢子叶的背面有许多小孢子囊，内有小孢子，生殖时产生螺旋形有鞭毛的游动精子；大孢子叶球由多个大孢子叶组成，每个大孢子叶扁平，上部呈羽状分裂，密生黄褐色绒毛，下部两侧着生几个大孢子囊，成熟后形成一个核果状的种子。

　　苏铁纲植物起源于二叠纪或晚石炭纪的种子蕨纲，中生代很繁盛，白垩纪衰退，现代残留的不多，仅9属共100多种，分布于亚洲、美洲、澳洲及南非的热带及亚热带区，现生代表植物是苏铁。

雌雄异株

雌雄异株是指具有单性花的种子植物的雄花和雌花分别生长在两个植株上。苔藓植物的原丝体的最初有性世代也称为"雌雄异株"。菠菜、铁树、柳树、杨树、桑树、银杏等植物都是雌雄异株的植物。

雌雄同株

雌雄同株是指具有单性花的种子植物的雄花和雌花生长在同一植株上。这类的花包括单性花和两性花。单性花是指雌蕊和雄蕊分别在两朵花上，两性花是指雌蕊和雄蕊在一朵花上。

孢子叶球

孢子叶球又称为"孢子叶穗"，是部分蕨类植物和裸子植物的生殖器官，球状或穗状，由孢子叶集生而成。

苏铁

苏　铁

苏铁开花

　　苏铁，又名凤尾蕉、避火蕉、凤尾松、铁树等，属于苏铁科苏铁属，为常绿乔木，木质密度大，入水即沉，沉重如铁。苏铁生长需要大量铁元素，即使是衰败垂死的植株，只要用铁钉钉入其主干内，就可起死回生，重复生机。苏铁的株形美丽，较耐阴，生性强健，树姿优美古朴，四季常青，花大且奇，叶片柔韧，是很好的花卉装饰材料，既可室外摆放，又可室内观赏。华南各地将其栽植于住宅小区、公园绿地、大楼四周、大型厅堂、会场和居室等处，即可做主景树，又可做配景树，可单植、列植或群植。

　　苏铁植株高达20米；茎干圆柱状，不分枝，仅在生长点破坏后，才能在伤口下萌发出丛生的枝芽，呈多头状；茎部密被宿存的叶基和叶痕，呈鳞片状。叶从茎顶部生出，羽状复叶，大型；小叶线形，初生时内卷，后向上斜展，微呈"V"字形，边缘显著向下反卷，厚革质，坚硬，有光泽，先端锐尖；叶背密生锈色绒毛；基部小叶成刺状。雌雄异株，6～8月开花；雄球花圆柱形，呈黄色，密被黄褐色绒毛，直立于茎顶；雌球花扁球形，上部羽状分裂，其下方两侧着生有2～4个裸露的胚珠。种子10月成熟，种子大，卵形而稍扁，成熟时呈红褐色或橘红色。

铁树开花

铁树开花常用来比喻事物的漫长和艰难，甚至根本不可能出现。但实际上并非如此，尤其是在热带地区，20年以上的苏铁几乎年年都可以开"花"。

药用价值

苏铁以叶、根、花、种子入药。叶具有收敛止血、解毒止痛等功效；花具有理气止痛、益肾固精等功效；种子具有平肝、降血压等功效；根具有祛风活络、补肾等功效。苏铁的种子和茎顶部髓心有微毒。

铁 元 素

铁元素是一种常见的化学元素，化学符号为Fe，原子序数为26，是地壳中含量第二高的金属元素。对于植物来说，铁具有重要作用，参与植物众多的生命活动。植物缺铁的典型症状是叶片失绿。

苏铁的叶子

银杏纲

银杏

　　银杏纲的植物属于维管植物，为落叶乔木本纲，现仅存银杏科的银杏一种，为世界著名的孑遗植物。在地质史上，银杏从二叠纪到中生代的中期繁盛于全世界。银杏树形优美，是优良的行道树和园林绿化树种；木材细密，是优良的用材树种。种仁（白果）供食用及药用，有润肺、止咳、强壮等功效。近年研究表明，银杏叶含黄酮类物质和白果内酯等生物活性化合物，对治疗心脑血管疾病和预防老年性痴呆有很好的效果。

　　银杏纲植物树体高大，高可达40米；分枝多，枝有长枝和短枝之分，还分为顶生营养性长枝和侧生生殖性短枝；长枝节间长，髓小，皮层薄，木质部厚；短枝则相反。叶在长枝上互生，在短枝上簇生；叶片扇形，先端二裂或波状缺刻，二叉脉序。孢子叶球单性，雌雄异株，精子多鞭毛；小孢子叶球呈柔黄花序状，生于短枝顶端的鳞片腋内；小孢子叶有短柄，柄端具有2个（少数为3～7个）悬垂的小孢子囊；大孢子叶球很简单，通常仅有1个长柄，顶端具2枚环形的大孢子叶（特称为珠领）；大孢子叶上各生1个胚珠，但通常只有1个发育成种子。种子近球形，种皮分3层：外种皮呈黄色、肉质，中种皮呈白色、骨质，内种皮呈红色、薄纸质，胚乳肉质。.

银杏纲的演化

银杏纲植物的化石初见于二叠纪，但可能在晚石炭纪已经出现。侏罗纪和早白垩纪是银杏纲的极盛时期，广泛分布于欧亚大陆的温带植物地理区，自晚白垩纪起逐渐衰落，在第三纪时中欧尚有银杏类分布，自第四纪冰期后，本纲植物在中欧、北美等地全部绝灭。

孓遗植物

孓遗植物，是指绝大部分植物物种由于地理和气候变迁等原因灭绝之后幸存下来的古老植物，一般在新生代第三纪或更早就有广泛的分布，包括银杏、珙桐、鹅掌楸、水杉、银杉。

落叶植物

在一年的一段时间中，落叶植物的叶片会全部脱落，翌年会长出新的叶片。常见的落叶植物包括杨树、柳树、槐树、柏树、枫杨、银杏、迎春、梨树、李树、桃树、海棠、棣棠等。

棣棠

ZOU JIN DA ZI RAN

银　杏

　　银杏，又名白果、公孙树，属于银杏科银杏属，为落叶乔木，是现存种子植物中最古老的孑遗植物，变种包括黄叶银杏、塔状银杏、裂银杏、垂枝银杏、斑叶银杏。银杏植株高大，姿态优美，是理想的园林绿化、景观园林树种，被列为中国四大长寿观赏树种（松、柏、槐、银杏）。

　　银杏高达40米，直径可达4米；幼树树皮近平滑，呈浅灰色；大树树皮呈灰褐色，不规则纵裂；具有长枝和短枝，短枝生长缓慢、距状。

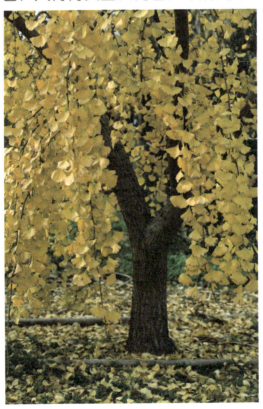

叶互生，在长枝上辐射状散生，在短枝上3～5枚簇生，扇形，两面均呈淡绿色，在宽阔的顶缘具缺刻或2裂，宽5～8厘米，具多数叉状并列细脉；叶柄细长。雌雄异株，少数为雌雄同株，球花单生于短枝的叶腋；雄球花呈葇荑花序状，雄蕊多数，各有2枚花药；雌球花有长梗，梗端

秋天的银杏

常分两叉（少数3～5叉）。种子核果状，具长梗，下垂，椭圆形、长圆状倒卵形、卵圆形或近球形；假种皮肉质，被白粉，成熟时呈淡黄色或橙黄色；种皮骨质，呈白色，常具2条纵棱；内种皮膜质，呈淡红褐色。

公 孙 树

银杏生长较慢，寿命极长，从栽种到结果要二十多年，四十年后才能大量结果，因此又名"公孙树"，有"公种而孙得食"的含义。

银杏叶

银杏的毒性

银杏种仁（特别是胚和子叶）中含少量银杏酸、银杏酚和银杏醇等有毒物质，食用过量会引起中毒。中毒症状因人而异，轻者表现为全身不适、嗜睡，重者表现为呕吐、抽筋、嘴唇青紫、恶心、呼吸困难等。

冬暖夏凉的银杏树

盛夏时节，用掌心触摸银杏树干，手会感到冰凉；触摸其他树干（如柳树），掌心会觉得热。据测定，盛夏时节，阳光直射大气气温高达40℃时，银杏树下的温度为35℃，温差为5℃，而垂柳树下与大气的温差仅为2℃，银杏调温能力是垂柳的2.5倍。

松 柏 纲

球果

　　松柏纲是现代裸子植物中数目最多、分布最广的类群。现代松柏纲植物有44属约400种，隶属于4科，即松科、杉科、柏科和南洋杉科，分布于南、北两半球，以北半球温带、寒温带的高山地带最为普遍。中国是松柏纲植物最古老的发源地，也是松柏植物最丰富的国家，特有的属、种和第三纪孑遗植物有3科23属约150种，另引入栽培1科7属50种，多为庭园绿化和造林树种。

　　松柏纲的植物多为常绿或单叶乔木，主干发达，具顶枝起源叶；次生木质部由管胞组成，通常具树脂及树脂细胞。叶呈针形、线形、披针形、刺形或鳞片形，在枝上的排列一般为螺旋状或假两列状，少数呈交互对生或轮状排列，也有的呈两列状，一般具较厚的角质层，表皮细胞小，具厚壁、气孔深陷；叶脉多数为单脉，少数叶具平行脉。植物种类不同，果鳞的来源也不同，有的来自托片，有的来自营养鳞片，有的来自托片和营养鳞片的融合。种子的种皮较硬。

珠　鳞

珠鳞是指雌球花上着生胚珠的鳞片，常见于松科、杉科、柏科的植物，能够聚合成大孢子叶球。松属的一些植物的种子的翅就是由珠鳞发育而来的。

种　鳞

种鳞是指球果上着生种子的鳞片，由珠鳞和苞鳞组成，常见于针叶树种，一般由珠鳞发育而成。罗汉松等植物的种鳞并不呈鳞片状。

树　脂

树脂是植物组织的代谢产物或分泌物，由多种成分组成，为不定型的固体，不溶于水，加热后软化，具有特殊的香味，一般存在于植物树脂道和导管中。松香就是由松科植物的树脂形成的。

水松

松柏纲松科

黄山松

　　松柏纲松科的植物多数为乔木，少数为灌木，大多数为常绿植物。叶条形或针形，条形叶扁平，少数呈四棱形，在长枝上螺旋状散生，在短枝上簇生；针形叶常2～5针成束，着生于极度退化的短枝顶端，基部包有叶鞘。孢子叶球单性同株，小孢子叶球具多数螺旋状着生的小孢子叶，每个小孢子叶有2个小孢子囊，小孢子多数有气囊；大孢子叶球由多数螺旋状着生的珠鳞与苞鳞组成，每枚珠鳞的腹面（上面）具两个倒生的胚珠，背面（下面）的苞鳞与珠鳞分离（仅基部结合），花后珠鳞增大发育成种鳞；球果直立或下垂；种子通常有翅；胚具2～16枚子叶。

　　本科包括松属、云杉属、银杉属、落叶松属、黄杉属、冷杉属、雪松属、金钱松属、油杉属、长苞铁杉属、铁杉属，大多数为用材树种，还包括许多孑遗植物，例如银杉、冷杉等。

黄　杉

黄杉，为常绿乔木，属于松科黄杉属。树干高大，侧根发达，球果下垂，成熟时呈褐色，开裂；种子散出，具有种翅。植株耐旱，抗风，具有较强的适应性，是优良的绿化树种。

乔　松

乔松，为常绿乔木，高达70米，属于松科松属。树冠阔尖塔形；树皮呈灰褐色；当年生枝呈绿色，渐变成红褐色。植株生长快，喜光，耐阴，适合生长在酸性土壤中。

黄 山 松

黄山松，为常绿乔木，属于松科松属，是中国黄山特有的一种植物，属于松树的变种。植株耐贫瘠，抗性强，能够在黄山的岩缝中生活，成为黄山一道独特的风景。

云杉树林

松科云杉属

红皮云杉

　　云杉属植物最早的化石发现于晚白垩纪地层中。第三纪末至第四纪更新世因全球性气温下降的影响，使云杉从高纬度和高海拔地区向低纬度和低海拔地区扩展，种类增加。后来，随冰川的退缩和气温的回升，云杉属植物的分布区逐渐缩减，繁衍至今，形成了现代的分布格局。中国是云杉属植物最多的国家，共16种9个变种，以横断山地区种类最多。

　　云杉属的植物多数具有下垂的枝，层层排列。针状叶直挺，呈螺旋形围绕着茎，长2~3厘米；叶从椿处长出来，如果脱落，椿便会保留下来。球果木质，悬吊，苞片向内弯曲，当球果成熟时，苞片张开，种子脱落。

　　本属的植物包括白皮云杉、鳞皮云杉、粗枝云杉、红皮云杉、白杆、青海云杉、雪岭云杉、新疆云杉、青杆、大果青杆、台湾云杉、长叶云杉等。

白皮云杉

　　白皮云杉，为常绿乔木，高达20米，属于松科云杉属。树皮呈淡灰色或白色；当年生枝呈橘红色或淡黄褐色，老枝呈淡灰色；球果成熟前种鳞背面呈绿色，成熟后变成褐色；种子具翅。

鳞皮云杉

　　鳞皮云杉，为常绿乔木，高达45米，属于松科云杉属，是中国特有的树种。树皮呈灰色；当年生枝呈金黄色或淡褐黄色；球果成熟前呈紫红色，背部呈绿色，成熟后呈褐色或淡褐色；种子具翅，种翅呈淡褐色。

大果青杆

　　大果青杆，为常绿乔木，高15～25米，属于松科云杉属，属于濒危树种，属于国家二级保护植物。树皮呈灰色；当年生枝呈淡黄色或淡黄褐色，老枝呈暗灰色；球果成熟时呈淡褐色或褐色。

长白鱼鳞云杉

松科冷杉属

　　冷杉属，属于松柏纲松科，有50多种，中国有19种、3个变种，其中7种被列为国家保护植物。冷杉家族成员的形态结构大致相仿，都属于较高大的常绿乔木，叶子细长狭小，数量极多。冷杉属植物出现于晚白垩纪，至第三纪中新世及第四纪种类增多，分布区扩大，经冰期与间冰期保留下来，繁衍至今。本属植物常生长于高纬度地区至低纬度的亚高山至高山地带的阴坡、半阴坡和谷地形成纯林，或与性喜冷湿的云杉、落叶松、铁杉和某些松树及阔叶树组成针叶混交林或针阔混交林。

冷杉

　　本属的各种植物均能提取冷杉树脂，木材色浅，边心材区别不明显，呈淡黄白色或淡黄褐色；没有正常树脂道，没有气味，结构细密，纹理直，材质轻软，易加工，耐腐力较弱，适合作为房屋建筑、板材、家具、器具、火柴杆、牙签和木纤维工业的原料。冷杉的树皮、枝皮含树脂，著名的加拿大树脂就是从香脂冷杉的幼树皮和枝皮中提取的，是制切片和精密仪器最好的胶接剂。冷杉的树干端直、枝叶茂密、四季常青，是优良的园林绿化树种。

阔 叶 树

　　阔叶树是指叶片扁平、较宽阔的多年生木本植物，一般为双子叶植物，包括常绿树种和落叶树种。银杏、柳树、杨树、榆树、樟树、槐树、桃树、榕树、桦树等均为阔叶树。

针 叶 树

　　针叶树是指叶片细长的多年生木本植物，多数为常绿树种，生长缓慢，有的针叶树种含有树脂。红松、落叶松、云杉、冷杉、马尾松、樟子松、巨杉、雪松等均为针叶树。

针阔混交林

　　针阔混交林是指由针叶树种和阔叶树种混交组成的林带，主要位于北纬40度至69度，是温带地区的地带性森林类型，主要由常绿针叶树和落叶阔叶树混交组成。

针叶树

臭 冷 杉

　　臭冷杉，为乔木，属于松科冷杉属。臭冷杉是优良的庭园观赏树种，木材的心材和边材没有明显区别，呈白色或黄白色，有光泽，质轻软，纹理细，耐腐力弱，可以作为一般建筑、板材、家具和木纤维工业原料。冷杉油是香皂、香水、空气清新剂、除臭剂等日用品香精的主要成分，也用于糖果，焙烤食品和饮料等食品。

　　臭冷杉植株树干通直，高达30米，胸径达50厘米；幼树树皮通常平滑，呈灰白色，具浅纹，常有多数明显的树脂瘤；树片老时呈灰色，长条状块裂或不规则鳞片状裂，具较明显的树脂瘤。一年生小枝呈淡黄褐色，密被淡褐色短柔毛；二至三年枝呈灰褐色或淡灰褐色，具圆形叶痕；冬芽圆球形，有树脂。叶通常排成两列，线形，直或微弯，长1～3厘米，宽约1.5毫米，表面呈光绿色，背面具两条白色气孔带，大部分叶之先端

臭冷杉的球果

凹缺，果枝和主枝上的部分叶先端尖；横切面具2条中生树脂道，皮下细胞单层。球果卵状圆柱形或近圆柱形，长4～8厘米，径2～3.5厘米，熟时呈紫褐色，无梗；种鳞肾形或扇状肾形，长短于宽，少数近相等，上部宽圆，微内曲，具不规则细齿，两侧圆或耳状，基部狭，呈细柄状，鳞背露出部分密被短毛；苞鳞倒卵形，长为种鳞的3/5～4/5，很少等长，不外露或微外露，先端具急尖头。种子倒卵状三角形，微扁，长4～6毫米；种翅楔形，呈淡褐色，通常比种子短，少数近等长或稍长于种子。花期4～5月；球果10月成熟。

冷 杉 油

冷杉油是用冷杉的针叶和嫩枝制取的无色至淡黄色液体，具有冷杉植物特有的香脂香气和辛辣气味，可用于制作香皂、香水、空气清新剂、洗衣液等日用品，也可用于制作食品。

冷杉香胶

冷杉香胶是用冷杉树皮制取的浅黄色固态胶，为热熔性胶，其中含有30%的冷杉油，透明度较好，不结晶，无毒，贮存时不能用铁制容器，应用不透光的玻璃容器或陶瓷容器。

挥 发 油

挥发油又称为"精油"，是一类可随水蒸气蒸馏出来的油状液体，具有挥发性，大部分具有香气，具有发汗、理气、止痛、抑菌的作用。含有挥发油的植物有薄荷、紫苏、藿香、茴香、当归、芫荽、川芎、茵陈蒿、姜等。

松柏纲杉科

池杉

　　松柏纲杉科的植物为乔木。叶螺旋状排列，同一株树上的叶同型或二型；孢子叶球单性同株，小孢子叶及珠鳞螺旋状排列（仅水杉的叶和小孢子叶、珠鳞对生），小孢子囊多于2个（常3～4个），小孢子无气囊；珠鳞与苞鳞多为半合生（仅顶端分离），珠鳞的腹面基部有2～9个直立或倒生胚珠。球果当年成熟，种鳞（或苞鳞）扁平或盾形，木质或革质，能育种鳞有2～9粒种子。种子周围或两侧有窄翅。

　　松柏纲杉科有10属16种，主要分布于北半球。中国产5属7种，引入栽培4属7种，分布于长江流域及秦岭以南各省区。本科常见的植物有秃杉、柳杉、落羽杉、池杉、巨杉、杉木等，是裸子植物门种数不多的一科，杉科植物的化石发现于欧洲晚三叠纪和早侏罗纪。在白垩纪至第三纪时，杉科的数量极大并广泛分布于北半球。

柳　杉　属

柳杉属仅包括柳杉和日本柳杉两种，为常绿乔木。植株根系浅，侧根发达，小枝下垂，球果近球形，种鳞木质。本属植物植株高大，耐水性差，生长速度快，寿命长，是优良的速生树种。

秃　　杉

秃杉，为常绿乔木，属于杉科台湾杉属，是世界濒危树种，属于国家一级保护树种。植株高大挺拔，主干通直，树形优美，抗雪压能力强，生长速度快，是优良的速生用材树种。

水　　杉

水杉为落叶乔木，高达35米，属于柏科水杉属，是中国子遗树种，属于国家一级保护植物，广泛分布于北半球，出现于中生代白垩纪，被誉为植物界的"活化石"。

水杉

松柏纲柏科

红桧

　　松柏纲柏科植物为常绿乔木或灌木，有22属约150种，分布于南、北两半球，刺柏属和圆柏属广泛分布于北半球；中国产8属29种，分布于全国各地，另引入栽培1属15种。本科主要的属包括刺柏属、圆柏属、崖柏属、扁柏属、翠柏属等，常见植物包括翠柏、红桧、岷江柏木、巨柏、福建柏、朝鲜崖柏、崖柏、洒金千层柏、龙柏、刺柏等，是部分森林的主要树种，也是园林绿化的优良树种。

　　松柏纲柏科植物的叶交互对生或轮生，少数螺旋状着生，鳞形或刺形，或同一株树上兼有两型叶。孢子叶球单性，同株或异株；小孢子叶交互对生，小孢子囊常多于2个，小孢子无气囊；珠鳞交叉对生或3～4片轮生，珠鳞腹面基部有1至多个直立胚珠，苞鳞与珠鳞完全合生。球果通常圆球形，种鳞盾形，木质或肉质，熟时张开或肉质合生呈浆果状。种子两侧具窄翅或无翅，或上端有1长、1短的翅。

翠　柏

　　翠柏，又名粉柏，为常绿灌木，属于柏科翠柏属，是濒危树种，木材具有香味，可以制作家具和装饰材料。叶针状，3枚小叶轮生，被白粉；花雌雄同株，球花单生于枝顶；球果当年成熟。

福　建　柏

　　福建柏为常绿乔木，高达30米，属于柏科福建柏属，本属只有这一种植物，树干通直、树形优美、树皮呈紫褐色，是园林绿化的优良树种。叶呈深绿色；花雌雄同株，球花单生于小枝顶端；球果翌年成熟。

洒　金　柏

　　洒金柏，为常绿乔木，属于柏科侧柏属，是侧柏的一个变种。植株矮生，树冠圆球形，叶呈淡黄绿色，远观类似金黄色，具有极高的观赏价值，对有毒气体有一定的抗性，是园林绿化的优良树种。

柏树

柏科刺柏属

杜松

　　刺柏属，属于柏科，约10余种，分布于北温带。中国有3种，引入栽培1种，分布极广，是优良的庭园观赏树种，多数为常绿乔木或灌木。本属植物的木材呈淡红色，香而耐腐，可制作家具和小玩具，但生长慢，大材难得。主根和侧根均发达，在干旱沙地、向阳山坡和岩石缝隙处均可生长，是石园点缀的优良树种。

　　植株高达12米；树皮呈褐色，纵裂成长条薄片脱落；大枝斜展或直伸；小枝下垂，三棱形、圆柱形或四棱形。叶刺形，3枚轮生，披针形，长12～20毫米，宽1.2～2毫米，先端尖锐，基部不下延，上面平或凹下，有1～2条气孔带，背面有纵脊。球花雌雄同株或异株，单生于叶腋处；雄球花呈黄色，长椭圆形，雄蕊5对，交互对生；雌球花卵状，呈淡绿色，小，由3枚轮生的珠鳞组成；全部或一部分珠鳞有直立的胚珠1～3个。果实为球果，2～3年成熟，成熟时珠鳞发育为种鳞，肉质。种子3粒，无翅。花期4月，果实需要2年成熟。

杜　松

　　杜松为常绿乔木或灌木，属于柏科刺柏属。植株高达10米，树冠塔形或圆柱形，树皮纵裂。植株耐旱，耐寒，适应性强，生长缓慢，树形优美，是园林绿化的优良树种，也可以制作盆栽。

欧洲刺柏

　　欧洲刺柏，为常绿乔木或灌木，属于柏科圆柏属，是园林绿化的优良树种。树皮呈灰褐色；枝条直展或斜展；叶宿存，披针形，具白粉带；果实为球果，成熟后呈蓝紫色，可入药。

西伯利亚刺柏

　　西伯利亚刺柏，为常绿匍匐灌木，属于柏科刺柏属。植株高30～70厘米，小枝密；叶披针形，具白粉带；果实为球果，成熟后呈褐黑色，可入药，具有生肌止痛的功效。

野生环境中的柏树

松柏纲南洋杉科

　　松柏纲南洋杉科，属于松柏纲，共2属，分别为南洋杉属和贝壳杉属，约40种，分布于南半球的热带和亚热带地区。本科植物的材质较好，在原产地一般用作建筑、家具、胶合板、薄木、纸浆原料，在引种栽培的地区多作为园林绿化或庭园观赏树。

　　本科植物为常绿乔木，髓部较大，皮层具树脂。叶螺旋状着生或交叉对生，基部下延生长。球花单性，雌雄异株或同株；雄球花圆柱形，单生或簇生叶腋，或生枝顶；雄蕊多数，螺旋状着生，具花丝，药隔伸出药室；具4～20个悬垂的丝状花药，排成内外两行，药室纵裂；花粉无气囊；雌球花单生枝顶，由多数螺旋状着生的苞鳞组成，珠鳞不发育，珠鳞或苞鳞的腹面基部具1个倒生胚珠，胚珠与珠

南洋杉

鳞合生，或珠鳞退化而与苞鳞离生。球果2～3年成熟。种子与苞鳞离生或合生，扁平，无翅或两侧具翅，或顶端具翅。

雌　蕊

雌蕊是种子植物的雌性繁殖器官，由一至多枚心皮卷合而成，由柱头、花柱和子房组成，分为单雌蕊和复雌蕊两类，其中复雌蕊包括雌蕊合生和雌蕊离生两种类型。

雄　蕊

雄蕊是种子植物产生花粉的器官，属于雄花，由花丝和花药组成，在花托排成轮状或螺旋状。不同植物具有的雄蕊的数量不同。一朵花的全部雄蕊统称为"雄蕊群"。

球　花

球花，又名"孢子叶球"，是裸子植物的繁殖器官，球果状，由孢子叶聚合生成，包括胚轴、胚珠、苞鳞、珠鳞、不发育短枝等组成部分，分为雌球花和雄球花两种。

雄球花

松属植物的孢子体

松属植物的花

　　松属的孢子叶球单性，同株。小孢子叶球排列如穗状，生在每年新生的长枝条基部，由鳞片叶腋中生出。每个小孢子叶球有1个纵轴，纵轴上螺旋状排列着小孢子叶，小孢子叶的背面（远轴面）有1对长形的小孢子囊。小孢子囊内的小孢子母细胞，经过两次的连续分裂（其中一次为减数分裂），形成4个小孢子（花粉粒）。小孢子有2层壁，外壁向两侧突出成气囊，能使小孢子在空气中飘浮，便于风力传播。大孢子叶球1个或数个着生于每年新枝的近顶部，初生时呈红色或紫色，以后变绿，成熟时为褐色。大孢子叶球是由大孢子叶构成的，大孢子叶也是螺旋状排列在纵轴上的，但它们不是简单的孢子叶，而是由两部分组成：下面较小的薄片称为"苞鳞"；上面较大而顶部肥厚的部分称为"珠鳞"，也称为"果鳞"或"种鳞"，一般

裸子植物

34

认为珠鳞是大孢子叶，苞鳞是失去生殖能力的大孢子叶。松科各属植物苞鳞和珠鳞是完全分离的，每个珠鳞的基部近轴面着生2个胚珠，胚珠由1层珠被和珠心组成，珠被包围着珠心，形成珠孔。珠心即大孢子囊，中间有1个细胞发育成大孢子母细胞，经过两次连续分裂（其中一次是减数分裂），形成4个大孢子，排列成一列称为"链状四分体"。松属植物通常只有合点端的1个大孢子发育成雌配子体，其余3个退化。

孢　　子

孢子是指能够直接发育成新个体的细胞，一般为单细胞，体积较小，具有繁殖和休眠的作用，包括分生孢子、游动孢子、接合孢子、子囊孢子、担孢子、厚垣孢子、休眠孢子等。

孢 子 叶

孢子叶是指生有孢子囊的叶或叶状结构，常见于裸子植物和蕨类植物。能够产生异型孢子的植物的孢子叶分为大孢子叶和小孢子叶。有些植物的孢子叶集生于枝顶形成孢子叶穗。

孢 子 体

孢子体是指在植物世代交替的过程中产生的植物体，能够产生孢子，具有二倍染色体，由受精卵发育而来，常见于蕨类植物、苔藓植物和种子植物。

小孢子叶球

松属植物的雄配子体和雌配子体

　　雄配子体是一个大幅度减退了的结构，只由少数几个细胞构成。小孢子（单核时期的花粉粒）是雄配子体的第一个细胞，小孢子在小孢子囊内萌发，细胞分裂为2个，其中较小的细胞是第一原叶体细胞（营养细胞），另一个大的细胞称为"胚性细胞"。胚性细胞再分裂为2个细胞，即第二原叶细胞及精子器原始细胞（中央细胞）。精子器原始细胞再分裂为2个细胞，形成管细胞和生殖细胞。成熟的雄配子体有4个细胞：2个退化原叶体细胞、1个管细胞和1个生殖细胞。

　　雌配子体由大孢子发育而成，因此，大孢子是雌配子体的第一细胞，在大孢子囊（珠心）内萌发，进行游离核分裂，形成具16～32个游离核，不形成细胞壁。雌配子体的四周具一薄层细胞质，中央为一个大液泡，游离核均匀分布于细胞质中，当冬季到来时，雌配子体即进入休眠期。翌年春

雄孢子叶球

天，雌配子体重新开始活跃起来，游离核继续分裂，主要表现游离核的数目显著增加，体积增大。此后，雌配子体内的游离核周围开始形成细胞壁，珠孔端有些细胞明显膨大，成为颈卵器的原始细胞。之后，原始细胞进行一系列的分裂，形成几个颈卵器，成熟的雌配子体包含2～7个颈卵器和大量的胚乳。

营养细胞

营养细胞是指果孢在发育之前于与果孢枝中的某些细胞融合在一起，形成的能够为植物提供营养的细胞，在适合的条件下，由细菌、酵母、真菌的孢子萌发而来。

中央细胞

中央细胞是胚囊的组成细胞，是一个大型的液泡化细胞，位于卵器和反足细胞之间，内含极核。

生殖细胞

生殖细胞是指多细胞生物体内能够繁殖后代的细胞，包括原始的生殖细胞和已经分化的原始细胞，包括孢子和配子两大类，其中配子包括精子和卵细胞。

玉柏石松的孢子叶穗

松柏纲植物的繁殖

油松的雌球果

　　松柏纲植物的生殖器官分为雄球花和雌球花两种。雄球花会产生花粉；雌球花在其木质鳞片之间有种子。幼嫩的雄球花的鳞片上长有花粉囊，囊里会产生很多花粉。花粉粒的体积非常小，重量非常轻。在授粉季节，风把花粉从雄球花吹到雌球花上。有些松柏纲植物的球花是雌雄同株，为了避免同株授粉，雌球花和雄球花会在不同的时间成熟，并且雌球花会生长在更高的树枝顶端。在花粉成熟的同时，雌球花也做好迎接花粉粒的准备。雌球花会将鳞片打开，裸露出胚珠。胚珠上有一种黏性液体，当花粉抵达时，正好被黏住，不能够再飞走。完成授粉后，雌球花的鳞片重新闭合成球果，球果逐渐膨大并保持绿色。在球果里面，花粉会慢慢地渗入胚珠中，形成一根小管。透过这根小管，精子与卵细胞结合，完成受精作用。在几个月或几年之间，胚珠发育成种子。当种子成熟后，鳞片再次打开，种子可随风传播。种子一旦落地，就萌芽生根，长成一株新的裸子植物。

花 粉 囊

　　花粉囊是指雄蕊花药内产生花粉的囊状结构，一般一枚花药具有4个花粉囊，也有一些植物一枚花药只具有2个花粉囊。花粉囊的开裂方式包括纵裂、横裂、孔裂、瓣裂等。

花 粉 粒

　　花粉粒产生于雄蕊的花药中，含有营养细胞和生殖细胞，含有壁物质、色素、碳水化合物、脂类、氨基酸、酶类、植物激素、维生素、无机物质等。不同植物花粉粒的大小、形状均不相同。

授 粉

　　授粉是指植物成熟的花粉落到雌蕊柱头上的过程，分为自花授粉和异花授粉两大类。水稻、小麦、棉花、豌豆、花生等植物的授粉方式为自花授粉，油菜、向日葵、苹果等植物的授粉方式为异花授粉。

红皮云杉的幼雌球果

走进大自然
ZOU JIN DA ZI RAN

红豆杉纲

　　红豆杉纲是裸子植物门中的一个纲，为木本植物，多分枝，常绿乔木或灌木。叶线形或披针形，直或微弯，螺旋状排列或交互对生；叶柄常扭转，排成两列，上面中脉明显或不明显，下面沿中脉两侧各有1条气孔带。植株雌雄异株，偶尔也有雌雄同株的情况发生；雄球花球状或穗状而单生于叶腋外，或相互对生排成穗状花序而集生枝顶，每1枚雄蕊具3～9枚辐射状或向外一边排列有背腹面区别的花药，药室纵裂；雌球花单生或成对生于叶腋或苞腋处，基部有多数覆瓦状排列或交互对生的苞片；胚珠1个，直立，生于花轴近顶端或侧生于短轴顶端的苞腋，基部具珠托。种子无梗，全部包于肉质假种皮内，或有短梗，生于杯状肉质假种皮中，或有明显的梗，包于囊状肉质假种皮中，仅顶端尖头露出，当年成熟或翌年成熟。花粉球

红豆杉的枝叶

形，大部分有褶皱，外壁两层，内壁较薄，在外层中可以看出与轮廓线垂直的基柱，表面被有较密的颗粒状雕纹，轮廓线不平，没有明显的萌发孔。

　　红豆杉纲植物有14属约162种，隶属于3科，即罗汉松科、三尖杉科和红豆杉科；中国有3科7属33种。红豆杉纲起源较早，根据已有的化石记录，红豆杉属始见于中侏罗纪，至新第三纪在欧洲、亚洲及北美洲均有分布。

罗汉松科

　　罗汉松科属于裸子植物，主要分布在热带、亚热带和温带地区，为常绿乔木或灌木。叶针状或鳞片状，线形或长椭圆形；球花单性异株或同株；种子当年成熟，核果状或坚果状。

三尖杉科

　　三尖杉科属于裸子植物，分布于亚洲东部或南部，主要分布于中国，为常绿乔木或小乔木。枝和叶对生，芽鳞宿存；花雌雄异株，也有的花雌雄同株；种子第二年成熟，核果状。

东北红豆杉

红豆杉科

　　红豆杉科属于裸子植物，主要分布于欧洲、亚洲和北美洲，为常绿乔木或灌木。叶线形或披针形，叶柄扭转；花雌雄异株；种子当年成熟或翌年成熟。

买麻藤纲

草麻黄

　　买麻藤纲属于裸子植物纲，灌木或木质藤本，少数为乔木或草本状小灌木。买麻藤纲是分类学上比较孤立的种类，共有3目，各1科1属（即买麻藤属、麻黄属、百岁兰属），约80种，其中百岁兰属仅一种；中国有2目2科2属19种，分布于中国各地。这类植物起源于新生代。

　　本纲植物的茎内次生木质部有导管，没有树脂道，孢子叶球有盖被，胚珠包裹于盖被内，许多种类有多核胚囊而无颈卵器，这些特征是裸子植物中最进化类群的性状。叶对生或轮生，叶有各种类型，有细小膜质鞘状，或绿色扁平似双子叶植物，也有肉质而极长大，呈带状似单子叶植物。孢子叶球单性，异株或同株，或有两性的痕迹，有类似于花被的盖被称为"假花被"，盖被膜质、革质或肉质；胚珠1个，珠被1～2层，具珠孔管；精子没有纤毛；颈卵器极其退化或无；成熟大孢子叶球为球果状、浆果状或细长穗状。种子包于由盖被发育而成的假种皮中，种皮1～2层，胚乳丰富。

树 脂 道

　　树脂道是植物分泌道的一种，能够分泌树脂，分为外生型、中生型、内生型和裂生型四种，常见于松科、伞形科和五加科植物。冷杉属植物的茎受伤时，伤口附近会产生新的树脂道。

单子叶植物

　　单子叶植物属于被子植物，种子只具有1枚子叶，绝大多数植物为草本，极少数植物为木本，叶一般为单叶。常见的单子叶植物包括小麦、水稻、玉米、大蒜、洋葱、百合、甘蔗、竹子、兰花、鸢尾、棕榈等。

双子叶植物

　　双子叶植物属于被子植物，种子具有2枚子叶，包括各种类型的植物，花萼和花冠的形态也多种多样。常见的双子叶植物包括杨树、榆树、槐树、玫瑰、豆科植物等。

单子叶植物

裸子植物的特征

长白松的雌球果

　　裸子植物为多年生木本植物，大多数为单轴分枝的高大乔木，枝条常有长枝和短枝之分，孢子体特别发达。除百岁兰属、买麻藤属外，其余的裸子植物具颈卵器，配子体完全寄生在孢子体上，雌配子体的近珠孔端产生颈卵器，但结构简单，埋藏于胚囊中，仅有2～4个颈壁细胞露在外面。颈卵器内有1个卵细胞和1个腹沟细胞，无颈沟细胞，比起蕨类植物的颈卵器更为退化。

　　植株具网状中柱，并生型维管束，具有形成层，次生生长；木质部大多数只有管胞，极少数有导管；韧皮部无伴胞。叶多为针形、条形或鳞形，极少数为扁平的阔叶；叶在长枝上螺旋状排列，在短枝上簇生顶端；叶常有明显的、多条排列成浅色的气孔带；孢子叶大多数生成球果状，俗称为"孢子叶球"；孢子叶球单生或多个聚生成各种球序。植株一般为单性，雌雄同株或异株；小孢子叶（雄蕊）聚生成小孢子叶球（雄球花），每个小孢子叶下面生有贮满小孢子（花粉）的小孢子囊（花粉囊）；大孢子叶（心皮）丛生或聚生成大孢子叶球（雌球花），胚珠裸露，不为大孢子叶所形成的心皮所包被，大孢子叶常变态为珠鳞（松柏类）、珠领（银杏）、珠托（红豆杉）、套被（罗汉松）和羽状大孢子叶（铁树）。

单轴分枝

单轴分枝，又称为"总状分枝"，主茎的顶芽不断向上生长，形成主干，侧芽形成侧枝，侧枝以同样的方式形成次级分枝。松树、柏树、杉树、杨树、柳树等植物具有这种分枝方式。

合轴分枝

合轴分枝的主茎活动到一定时期，生长变得迟缓，甚至生长停止或植株死亡，也可能形成花芽，由顶芽下面的腋芽代替顶芽继续生长，形成侧枝，每年如此地交替进行。棉花、番茄、马铃薯、苹果等植物具有这种分枝方式。

假二叉分枝

假二叉分枝常见于叶序对生的植物，当主茎的顶芽活动到一定时期，停止生长或死亡，由顶芽下面的两个腋芽继续生长，形成两个分枝，每个分枝的顶芽也是如此生长。丁香、石竹、茉莉、辣椒等植物具有这种分枝方式。

红　松

红松的雌球果

　　红松，属于松科松属，为常绿针叶乔木。天然红松林是经过几亿年的更替演化形成的，被称为"第三纪森林"，在地球上只分布于中国东北的小兴安岭到长白山一带，以及俄罗斯、日本、朝鲜的部分区域。红松是著名的珍贵经济树木，树干粗壮，树高入云，挺拔顺直，是天然的栋梁之材；材质轻软，结构细腻，纹理密直通达，不容易变形，耐腐朽力强，是建筑、桥梁、枕木、家具制作的上等木料。红松的枝、树皮、树根可用来制造纸浆和纤维板。松根、松叶、松脂中能提取松节油、松针油、松香等工业原料。红松的果实，称为"海松子"，含有脂肪、蛋白质、碳水化合物等营养物质，可入药，具有滋润皮肤、延年益寿的功效，还可食用，做糖果和糕点辅料，或代替植物油。松子油，除可食用外，还是干漆、皮革工业的重要原料。松子皮是制造染料和药用炭的原料等。

红松幼树树皮呈灰褐色，近平滑；大树树干上部多分枝，枝近平展，树冠圆锥形；冬芽呈淡红褐色，圆柱状卵形。针叶五针一束，长6～12厘米，粗硬，树脂道3条，叶鞘早落。球果圆锥状卵形，长9～14厘米，径6～8厘米。种子大，倒卵状三角形。花期6月，球果翌年9～10月成熟。

红松

松 香

松香是指固体的松树树脂，透明，呈淡黄色至淡棕色，有光泽，有松节油气味，分为脂松香、木松香和浮油松香三种，具有增黏、软化、防潮、防腐、绝缘等性能。

松 脂

松脂是指由松树树干分泌出来的树脂，能够制造松香和松节油。割开松树树体后刚流出来的松脂为油状，无色、透明，暴露在空气中一段时间后，会变成浅黄色的固态物质。

松 节 油

松节油是一种植物精油，无色或淡黄色，具松节油特征气味，是一种优良的有机溶剂，分为松脂松节油、提取松节油和干馏松节油三种，用松脂直接蒸馏或水蒸气蒸馏可制得。

红 豆 杉

红豆杉

    红豆杉，又名紫杉、赤柏松，属于红豆杉科红豆杉属，为常绿乔木，是世界上濒临灭绝的天然珍稀抗癌植物，属国家一级保护植物，是集观赏和药用于一身的珍贵树种。从植株中提取的紫杉醇是世界公认的抗癌药，价格昂贵，也具有"生物黄金"之称。红豆杉的叶有毒，假种皮味微甜可食，但食多则中毒。红豆杉材质优良，纹理通直，结构致密，富弹性，力学强度高，具光泽，有香气，耐腐朽，不易开裂反翘，不含松脂，心材呈紫褐色。

    红豆杉为常绿乔木，高达20米，胸围达1米；树皮呈红褐色，有浅裂纹；小枝互生，枝平展或斜展，密生，小枝基部宿存芽鳞；一年生小枝呈绿色，秋后变成淡红褐色，二至三年生枝呈红褐色或黄褐色；冬芽呈淡黄褐色，芽鳞先端渐尖，背部有纵脊。叶螺旋状着生，排成不规则的两列，长1～3.5厘米，宽2～3厘米，直，少数微弯，先端通常凸尖，基部窄，有短柄，上面呈深绿色，有光泽，中脉隆起，下面有两条灰褐色气孔带，气孔带较绿色边带宽两倍。雌雄异株，球花单生于叶腋处。种子卵圆形，呈紫红色，长约6毫米，径5毫米，上部具3～4钝脊，先端有小钝尖头，种脐为三角形或近方形，少数为宽椭圆形。花期5～6月，种子9～10月成熟。

紫 杉 醇

紫杉醇是红豆杉属植物的一种复杂的次生代谢产物，具有极高的药用价值，对乳腺癌、卵巢癌、肺癌、大肠癌、黑色素瘤、淋巴瘤等疾病都有一定的治疗效果。

次生代谢产物

次生代谢产物是指细胞生命活动和植物生长发育非必需的小分子有机化合物，由次生代谢产生，包括黄酮类、醌类、单宁类、萜类、生物碱等。

红豆杉的药用价值

中医认为，红豆杉具有温肾通经、利尿消肿等功效，可用于治疗糖尿病、月经不调、痛经、肾炎水肿等症，但药用成分紫杉醇需要提取，直接服食红豆杉没有明显的医疗效果，误食红豆杉可能导致中毒。

罗 汉 松

罗汉松

　　罗汉松，又名罗汉杉、长青罗汉杉、土杉、金钱松，属于罗汉松科罗汉松属，为常绿乔木，生长缓慢，寿命长，可达几百岁，甚至千岁以上，适于庭园内孤植或对植，可作绿篱和盆景。其种子长在肥大鲜红的种托上，如庙内身披袈裟的罗汉，因此得名。在中国传统文化中，罗汉松象征着长寿、守财，寓意吉祥，因此在寺庙和宅院多有种植。常见的栽培品种有狭叶罗汉松、柱冠罗汉松、小叶罗汉松、短尖叶罗汉松、斑叶罗汉松等。

　　罗汉松的树冠呈广卵形。叶条状披针形，先端尖，基部楔形，两面中脉隆起，表面呈暗绿色，背面呈灰绿色，有时被白粉，排列紧密，螺旋状互生。雌雄异株或偶有同株。种子卵形，有黑色假种皮，着生于肉质而膨大的种托上，种托深红色，味甜可食。花期5月，种熟期10月。

狭叶罗汉松

狭叶罗汉松是罗汉松的变种，为常绿乔木，高达20米，属于罗汉松科罗汉松属。树皮呈深灰色，鳞片状开裂；叶狭披针形，螺旋状排列；花为雌雄异株；果实为球果。

小叶罗汉松

小叶罗汉松是罗汉松的变种，为常绿乔木或灌木，属于罗汉松科罗汉松属，适合制作盆景。树冠广卵形；叶密生，新叶呈浅绿色，老叶呈深绿色；花为雌雄异株。

海南罗汉松

海南罗汉松是中国海南特有的树种，为常绿乔木或灌木，高达16米，属于罗汉松科罗汉松属，为濒危树种。树皮呈灰白色，鳞状开裂；叶线形、披针形、椭圆形或鳞形；花为雌雄异株。

罗汉松

种 子 蕨

　　种子蕨是古老的裸子植物，大多数为大型羽状复叶，其形态与真蕨植物门的叶几乎无法区别，但生殖叶上长有种子，故名种子蕨。种子蕨类的植物体一般不大，大多数是寄生或攀援的藤本型；也有一部分呈直立的树蕨状，不分枝，高可达10米，或为直立粗壮的小乔木。茎和根的解剖结构既具真蕨纲性状又具裸子植物性状，具原生中柱、真式中柱或多体中柱。有髓的茎中髓常较大，皮部粗厚而次生维管组织较薄，次生

木质部疏木型。种子蕨与苏铁纲的解剖结构相似，在未发现种子前，曾名为"苏铁羊齿"或"苏铁蕨"。花粉囊和胚珠的形式多样，胚珠具离生珠被，胚珠结构与苏铁纲的种子相似，本纲至今仅发现两例种子中具胚，而绝大多数是保存具颈卵器的雌配子体，因此，种子实际上大都是指未受精的胚珠。

　　种子蕨纲包括9个

桫椤

目，即皱羊齿目、髓木目、美籽目、芦荟羊齿目、开通目、兜状种子目、盾形种子目、舌羊齿目、大羽羊齿目。

羽状复叶

羽状复叶是指三枚以上的小叶在叶轴的两侧排成羽毛状，根据小叶的数量分为奇数羽状复叶和偶数羽状复叶，根据叶轴分枝情况分为一回羽状复叶、二回羽状复叶、三回羽状复叶和多回羽状复叶。

真　　蕨

真蕨类植物出现于远古时代，生存至今，孢子体发达，有根、茎、叶的分化，具短缩地下茎，叶为奇数羽状复叶。桫椤、紫萁、绵马贯众、金毛狗、瓶尔小草、观音座莲、莎草蕨、膜蕨、肾蕨等均为常见的真蕨类植物。

树　　蕨

树蕨是指形似树木的蕨类植物，一般为木本植物。桫椤是现存唯一的树蕨，是濒危植物，属于桫椤科桫椤属，茎直立，高1～6米，叶为羽状复叶，大型，螺旋状排列，具暗棕色鳞片。植株是优良的庭院观赏树种。

桫椤林　　53

蕨 形 叶

桫椤的叶

　　绝大多数种子蕨植物具有真蕨植物一样的大型蕨叶（多为羽状复叶）和脉序，在生殖蕨型叶上长有种子和花粉囊，蕨叶的主叶柄常二歧分叉，叶子表面的角质层厚。种子蕨与真蕨叶形十分类似，统称为"蕨形叶"。由于化石保存原因，古生代地层中很多蕨形叶化石缺乏生殖器官，无法确定其自然分类位置，因此常采用形态分类，即依据蕨形叶的形状、脉序形式、小叶与轴的关系等特征建立形态分类及形态属，蕨形叶分为很多形态类型，常见的有三裂羊齿类、楔羊齿类、脉羊齿类、座延羊齿类、齿羊齿类等。大多数的蕨型叶按照小羽片（小叶）的形状、脉序及叶轴的分枝形式，在各种形态属名下记载，如楔羊齿、脉羊齿、座延羊齿、齿羊齿、畸羊齿、大羽羊齿等。虽然

裸子植物

54

有些形态属（如楔羊齿）在种子蕨类和真蕨类都有这种叶型，但归入此形态属名下的种则是客观存在的，它们在历史时期的分布中有一定规律，可用于划分、对比地层确定其时代。

叶的结构

被子植物的叶片由表皮、叶肉和叶脉三部分组成。表皮通常由单层生活细胞组成。叶肉位于表皮内，由基本分生组织发育而来，主要由同化组织组成。叶脉在主脉和大侧脉中有一至数个维管束，木质部位于近叶腹面，韧皮部位于近叶表面，中间有时存在活动极弱的形成层，在维管束周围有含少量叶绿体的薄壁组织。

叶　　片

叶片是叶的主体部分，可分叶基、叶尖和叶缘，是植物进行光合作用和蒸腾作用的主要器官。叶片内的薄壁组织富含叶绿素，使叶呈现绿色。一个叶柄上生有一枚叶片的，称为"单叶"；一个叶柄上生有多枚小叶片的，称为"复叶"。

桫椤的叶

真　　叶

真叶是植物真正意义上的叶子，由托叶、叶柄、叶片构成。有些种子萌发时子叶出土，有时也会变绿，会被误认为是真叶。真叶由托叶、叶柄和叶片构成。在植物的生长过程中，子叶先出土，然后才会长出真叶。

裸子植物的进化

现在的蕨类植物

　　裸子植物是原始的种子植物，其发展历史悠久。最初的裸子植物出现在古生代，在中生代至新生代遍布各大陆。现代生存的裸子植物有不少种类出现于第三纪，后又经过冰川时期而保留下来，并繁衍至今的。裸子植物优越性主要表现在用种子繁殖上，它是地球上最早用种子进行有性繁殖的植物，在此之前出现的藻类和蕨类都是以孢子进行有性繁殖的。

　　当古生代的蕨类植物在地球上第一次形成原始森林的时候，比蕨类植物更加进步的裸子植物已经在泥盆纪晚期悄然出现了。但是在当时，地球上的气候温暖潮湿，蕨类植物的发展更为顺利，裸子植物的发展还不具有优势。到了二叠纪晚期，气候转凉而且变得干燥，蕨类植物不能很好地适应新环境，裸子植物开始发挥出其潜在的优越性而得到了大发展，并将它的繁盛一直持续到白垩纪晚期。可以说，爬行动物王国里的植被是以裸子植物为主的。

繁殖器官

植物通过一定的方式，产生新的个体的过程称为"繁殖"，主要分为有性繁殖和无性繁殖。与植物繁殖有关的器官称为"繁殖器官"，其中，与被子植物有性繁殖有关的器官是花、果实和种子。

泥 炭 土

在长期积水的条件下，由湿生植物形成的土壤称为"泥炭土"。这种土壤的含水量和有机质的含量较高，碳氮比为14：20，pH值为5.5~8.0。泥炭土适合作为育苗或蕨类植物的基质。

胚

胚是指卵细胞与精子结合后，在母体内经过一定的发育过程而形成的新一代植物体的雏形。胚发育过程中的营养由母体提供。种子植物的胚由胚根、胚芽、胚轴和子叶组成。被子植物胚的子叶有单子叶和双子叶之分。

野生环境中的桫椤

无脉蕨和古蕨

　　无脉蕨是中泥盆纪的一种原裸子植物，树干高、茎粗，为乔木，茎顶端有一个由许多分枝组成的树冠，它的末级"细枝"形状就像分叉的叶片，但其中没叶脉。孢子囊小，呈卵形，生于末级"细枝"之上。茎干内部具次生木质组织，这种组织由具缘纹孔的管胞组成。它没有发达的主根，只有许多细弱的侧根。

绒紫萁的孢子囊穗

　　古蕨是晚泥盆纪特有的一群较为进化的原裸子植物的代表，树高、茎粗，为塔形乔木，茎干具有次生生长的组织，输导组织中的木质成分是具缘纹孔的管胞，茎干的顶端有一个由枝叶组成的树冠；叶为羽状复叶，扁平且宽大；根系较无脉蕨发达；孢子囊单个或成束地着生在不具叶片的小羽片上，孢子囊内曾发现大、小两种孢子。

　　无脉蕨和古蕨具有原裸子植物的重要特征，例如具有大孢子、小孢子、羽状复叶，具缘纹孔的管胞等。所以，它们被认为可能是裸子植物的祖先。但是它们没有胚珠更没有种子，大概是原始蕨类向着原始裸子植物演化的低级的过渡类型。

输导组织

　　输导组织是指植物体中负责长途运输物质的组织，包括木质部和韧皮部。在植物体各组织器官之间进行的物质的重新分配和转移都是依靠输导组织来进行的。

管　胞

　　管胞是木质部的输导结构，能够运输水分、矿物质，具有支持的作用，细胞管状，两端尖锐，壁加厚，成熟的管胞细胞为非生活细胞，原生质体在分化成熟时消失，分为环纹、螺纹、梯纹和孔纹等类型。

分株紫萁的孢子囊穗

叶　脉

　　贯穿在叶肉内的维管束称为"叶脉"。叶脉具有运输养分和水分的作用，按粗细分为主脉、侧脉和细脉；按排列方式分为平行脉、弧形脉、网状脉和叉状脉。在叶片表面可以见到脉纹。

裸子植物的分布

裸子植物

　　中国裸子植物分布范围较大，约占国土总面积的75％，天然分布于东北平原、华北平原、长江中下游平原、四川盆地，而塔里木盆地西部和青藏高原腹地基本没有或非常稀少。中国裸子植物不仅物种数量丰富，且特有物种多，202种植物中特有种有92种。其中分布最南的种为海南苏铁，分布最北的种为长白落叶松。中国特有种的物种丰富度格局与全部物种的丰富度格局相似。

　　苏铁科、买麻藤科和罗汉松科植物喜暖热，主要分布在热带和南亚热带地区。三尖杉科和红豆杉科植物的生长对热量要求较高，绝大部分物种分布在温暖带以南地区。松科和柏科植物分布最为广泛，遍及南北，而北部和西北部广大的温带草原、温带荒漠和青藏高原寒植被区缺乏适宜大多数裸子植物生长的环境条件，仅麻黄科的植物可以生长，而单种属的银杏科分布范围小，对裸子植物总体格局影响小。平原和盆地的裸子植物贫乏，一方面是因为这些地区的环境较为均一单调，不能满足一些物种特殊的生境要求；另一方面是因为长期且强烈的人类干扰，大量物种可能曾遭受多次区域性灭绝。

阳光对植物的影响

绿色植物需要吸收太阳光来进行光合作用，进而合成有机物。光照时间、光质、光强对植物都有影响。植物在开花的过程中，对光照时间的反应不同，据此可以分为长日照植物、短日照植物和中间型植物。

氧气对植物的影响

植物的有氧呼吸过程需要氧气的参与，有氧呼吸是高等植物呼吸的主要形式。而呼吸作用能够为植物提供能量和原料，还能提高植物的防御能力，对于植物的生命活动具有重要的意义。

直 射 光

直射光是指直接照射到植物上的太阳光。在直射光和散射光下，植物都可以进行光合作用。有一些植物需要在较弱的光照条件下才能生长良好，这些植物更适合照射散射光，直射光可能会影响植物的生长。

红皮云杉

红皮云杉，属于松科云杉属，为常绿乔木。植株冬夏常绿，树姿优美，繁殖容易，已大面积用于行道树与庭园绿化，也可用于街头绿地，林荫路的装饰点缀树种，是东北主要园林绿化树种之一，是中国东北长白山至小兴安岭森林的主要树种。

红皮云杉高达35米，胸径可达80厘米，树冠尖塔形；大枝斜伸或平展；小枝有明显的木针状叶枕；一年生小枝呈淡红褐色或淡黄褐色，无毛或有较密短柔毛；芽长圆锥形，小枝基部宿存芽鳞的先端常反曲。叶长散生，长1.2～2.2厘米，锥形，先端尖，多辐射伸展，横切面菱形，四面有气孔线。球果卵状椭圆形或圆柱状矩圆形，长5～8厘米，熟后变成绿黄色或褐色；种鳞薄木

红皮云杉

质，三角状倒卵形，先端圆，露出部分有光泽，常平滑，无明显纵纹；苞鳞极小。种子上端有膜质长翅。花期5月下旬，9月下旬球果成熟，10月下旬种鳞开裂。

孤　　植

孤植是指单独种植的树木，能够表现单株树形的优美，是园林绿地空间造景的主景，适合作为遮阴树和目标树，一般栽培在比较空旷的地方。雪松、白皮松、云杉、罗汉松、枫香、银杏、白玉兰等植物都适合孤植。

列　　植

列植是将乔木、灌木按一定的株行距成排成行地栽种，形成整齐、单一、气势大的景观。它在规则式园林中运用较多，如道路、广场、工矿区、居住区、建筑物前的基础栽植等，常以行道树、绿篱、林带或水边列植形式出现在绿地中。

红皮云杉的雌球果

灌　　木

灌木是指有明显主干的多年生木本植物，一般较矮小，高在5米以下，呈丛生状态，可分为观花、观果和观枝等种类，玫瑰、杜鹃、牡丹、连翘、迎春等植物是常见的灌木。

樟 子 松

樟子松

　　樟子松，又名蒙古赤松、西伯利亚赤松、黑河赤松，属于松科松属，为常绿乔木，主要分布在大兴安岭北部海拔400～1000米的山地，是中国三北地区主要优良造林树种之一，也是庭园观赏和绿化的优良树种。该植物的心材呈淡红褐色，边材呈淡黄褐色，材质较细，纹理直，有树脂，适合做建筑、枕木、电杆、船舶、器具、家具、木纤维的工业原料。树干可割树脂，提取松香和松节油，树皮可提栲胶。

　　樟子松高达30米，胸径80厘米；树干下部的树皮较厚，呈灰褐色或黑褐色，不规则的块状开裂，上部树皮呈黄色至黄褐色，鳞片状脱落，内皮呈金黄色；冬芽长卵圆形，呈褐色或淡黄褐色，有树脂道；一年生枝呈淡黄色，无毛。针叶两针一束，坚硬，稍扁，常扭曲，长4～9厘米，宽1.5～2毫米，边缘有细锯齿，两面均有气孔线，叶鞘宿存。雌球花和幼果呈紫红色或淡紫褐色，有梗，下垂。球果卵圆形或长卵圆形，长3～6厘米，直径2～3厘米，成熟时呈淡绿褐色至淡褐灰色；鳞盾斜方形，常明显隆起，纵横脊明显，向后反曲，鳞脐突起，有短刺。种子长卵圆形或倒卵圆形，微扁，呈黑褐色，长4.5～5.5毫米；种翅有关节，长1.1～1.5厘米。花期5～6月，球果翌年9～10月成熟。

草本植物

草本植物的茎为草质或肉质，木质部不发达，木质化细胞较少；植株一般比较矮小，茎多汁，较柔软；在生长季结束时，多数草本植物的整体或地上部分死亡，但也有地下茎发达的二年生或多年生草本植物。

茎的结构

茎上着生叶的部位称为"节"；相邻两个节之间的部位称为"节间"；着生叶和芽的茎称为"枝"。木本植物的茎坚硬；草本植物的茎较柔软，多汁；藤本植物的茎细长，不能直立，需要依附其他物体生长。

木 质 部

木质部是维管植物的运输组织，由导管、管胞、木射线、薄壁组织和木纤维构成，能够将根吸收的水分和溶解于水里面的养分向上运输，以供其他器官组织使用，也有支持植物体的作用。

买 麻 藤

买麻藤，又名倪藤，属于买麻藤科买麻藤属，为藤本植物。买麻藤属植物生于热带雨林和季雨林，攀援着乔木树种的枝干而向上生长。植物的茎皮含韧性纤维，可作麻袋、绳索和人造棉原料，种子可炒食或榨油。植株可入药，具有祛风除湿、活血散淤的功效，茎、叶可以用于治疗跌打损伤、风湿骨痛等症，根可以用于治疗鹤膝风等症。

买麻藤的叶对生，革质，长圆形或椭圆形，长10～25厘米，宽4～11厘米，顶端渐尖或钝而具小尖头，基部圆或宽楔形，全缘；侧脉羽状，8～13对；叶柄长8～15毫米。雌雄异株，少数为雌雄同株；雄球花序具单歧或二歧分枝，每个雄花穗长2～3厘米，具13～17轮环状总苞，每轮总苞内有雄花25～45朵，排成2层；雄蕊2或1枚，基部为肥厚的假花被所

承托，花药1室，花丝合生；雌球花序着生在老枝上，单歧或多歧分枝，每穗长2～3厘米，每轮总苞内含雌花5～8朵；假花被囊状，胚珠具2层珠被，内珠被上端延伸成珠被管伸出假花被外。成熟种子核果状，长圆形或卵圆形，长1.5～2厘米，外被红色假种皮；种柄长2～5毫米。

罗浮买麻藤

罗浮买麻藤，为缠绕藤本，属于买麻藤纲买麻藤属。茎和枝圆形，树皮呈紫棕色；叶片矩圆形，侧脉9～11对，小脉网状；花一般未见；种子椭圆形。

小叶买麻藤

小叶买麻藤，为常绿藤本，属于买麻藤纲买麻藤属。茎和枝圆形，有明显皮孔；叶片对生，椭圆形或倒卵形；花为球花，单性。植株全株可以入药，具有祛风除湿、活血散瘀、消肿止痛等功效。

垂子买麻藤

垂子买麻藤，为常绿藤本，属于买麻藤纲买麻藤属。茎和枝呈灰棕色，具有皮孔；叶片矩圆形，先端尖；雄球花序顶生，花丝合生；种子下垂。

攀缘着乔木生长的藤本

柳 杉

柳杉

　　柳杉，又名长叶柳杉、宝树、沙罗树、孔雀杉，属于杉科柳杉属，为乔木。植株以根皮入药，全年可采，采后去掉栓皮，鲜用或晒干，具有解毒杀虫的功效。植株的根系较浅，抗风力差，对二氧化硫、氯气、氟化氢等有较好的抗性，生长快，寿命长，是高山速生用材树种，也是优良的庭园观赏树种，是中国珍贵用材树种之一。柳杉的木材甚轻，收缩小，纹理通直，不翘裂，胶黏性良好，耐腐处理容易，是制作建筑、桥梁、家具、农具的优质原材料。

　　柳杉植株高达40米，胸径可达2米多；树皮呈红棕色，纤维状，裂成长条片脱落；大枝近轮生，平展或斜展；小枝细长，常下垂，呈绿色，枝条中部的叶较长，常向两端逐渐变短。叶钻形略向内弯曲，先端内曲，四边有气孔线，长1～1.5厘米，着生于果枝的叶通常较短，有时长不及1厘米；幼树和萌芽枝的叶长达2.4厘米。雄球花单生于叶腋处，长椭圆形，长约7毫米，集生于小枝上部，呈短穗状花序状；雌球花顶生于短枝上。球果圆球形或扁球形，多为1.5～1.8厘米；种鳞20枚左右，上部有4～5个短三角形裂齿，齿长2～4毫米，基部宽1～2毫米，鳞背中部或中下部有一个三角状分离的苞鳞尖头，尖头长3～5毫米。种子呈褐色，近椭圆形，扁平，长4～6.5毫米，宽2～3.5毫米，边缘有窄翅。花期4月，球果10月成熟。

根　皮

根是植物的营养器官，通常位于地下，负责吸收土壤里面的水分和溶解于其中的营养成分，并且具有支持、贮存、合成有机物质的作用。牡丹、石榴等植物的根皮均可入药。

栓　皮

栓皮是木本植物和根部外层的保护层，能够隔热、防水，适合制作瓶塞、地板、低温隔热材料、救生用具等。最常见的栓皮是栓皮栎的外层树皮。

裸子植物的树皮

树　皮

树皮是木本植物树干外围的保护组织，内层较软，外层死亡的部分不断脱落，具有输送养分、防寒、保护树干的作用。如果树皮大面积受伤，植物会死亡。

裸子植物的繁殖

长白鱼鳞云杉的幼雌球果

　　裸子植物的孢子体发达，占绝对优势。配子体退化，寄生在孢子体上，不能独立生活。成熟的雄配子体（花粉粒）具有4个细胞，包括1个生殖细胞、1个管细胞和2个退化的原叶细胞。多数种类仍有颈卵器结构，但简化成含1个卵的2～4个细胞。

　　裸子植物的胚珠和种子裸露；雌、雄性生殖结构（大、小孢子叶）分别聚生成单性的大、小孢子叶球，雌雄同株或异株；大孢子叶平展，腹面着生裸露的倒生胚珠，形成裸露的种子。种子的出现使胚受到保护以及保障供给胚发育和新的孢子体生长初期所需要的营养物质，可使植物渡过不利环境和适应新的环境。小孢子叶背部丛生小孢子囊，孢子囊中的小孢子或花粉粒单沟型、有气囊，可发育成雄配子体，产生花粉管，将精子送到卵子附近，摆脱了水对受精作用的限制，更适应陆地生活。少数种类如苏铁属和银杏，仍有多数鞭毛可游动。由此可以说明，裸子植物是一群介于蕨类植物与被子植物之间的维管植物。花粉成熟后，借风力传播到胚珠的珠孔处，并萌发产生花粉管，花粉管中的生殖细胞分裂成2个精子，其中1个精子与成熟的卵受精，受精卵发育成具有胚芽、胚根、胚轴和子叶的胚。原雌配子体的一部分则发育成胚乳，单层珠被发育成种皮，形成成熟的种子。

胚　芽

胚芽是植物胚的组成部分，位于胚轴的顶端，突破种子的皮后发育成叶和茎。在面包糕点等食品中加进胚芽不仅会大大提高其营养价值，而且能改善风味，增加食欲。

胚　根

胚根是植物胚的组成部分，位于胚的下部，是未发育的根。当种子萌发时，一般胚根先突破种皮，发育成幼苗的主根。单子叶植物的胚根入土后不久便停止生长，因此单子叶植物一般没有明显的主根。

胚　轴

胚轴是指子叶着生点和胚轴之间的轴体，是种子植物胚的组成部分，分为上胚轴和下胚轴两部分。在植物的生长过程中，胚轴能够发育成茎和根的连接部分。

赤松的雄球果

多胚现象

兴安落叶松的雌球果

　　裸子植物常具多胚现象，多胚现象的产生有两个途径：一是简单多胚现象，由一个雌配子体上的几个颈卵器同时受精，形成多胚；另一是裂生多胚现象，仅一个卵受精，但在发育过程中，原胚分裂成几个胚。大多数裸子植物都具有多胚现象，这是由于一个雌配子体上的几个或多个颈卵器的卵细胞同时受精，形成多胚，称为"简单多胚现象"；或者在发育过程中，一个受精卵的胚原组织分裂为几个胚，称为"裂生多胚现象"。

　　裸子植物层被认为是一个"自然"的群体。但是，科学家根据一些化石猜测，被子植物可能由裸子植物的祖先演化而来，这将使得裸子植物形成一个并系群。现代的亲缘分支分类法只接受单系群的分类，可追溯至一个共同的祖先，且包含着此一个共同祖先的所有后代。因此，虽然"裸子植物"一词依然广泛地被用来指非被子植物的其他种子植物，但之前一度被视为裸子植物的植物物种一般都被分至四个类群中，以使植物界内的门都有着相同的阶层。

受　　精

受精是指两种配子（精子和卵子）融合成为合子的过程，是有性生殖的重要环节。合子能发育成具有双亲遗传性的新个体。通过受精产生的子代，既有亲代遗传的特性，也表现有个体的特异性，是生物进化的一个重要的因素。

亲缘分支分类法

亲缘分支分类法是生物学的一个分支，是一种非常严格的分析方法，研究结果用树形图表示，树形图中每个种类的生物如同一个树叶，在每个分叉树枝的顶端具有共同的进化祖先，这两个叉称为"同源分支"。

颈　卵　器

颈卵器，又称为"藏卵器"，是轮藻类、苔藓类、蕨类植物的雌性生殖器官，是有性世代的特殊构造，是产生卵细胞、受精和原胚发育的场所。退化型的颈卵器也见于裸子植物。

黄花落叶松的球果

裸子植物的药用价值

草麻黄的种子

　　苏铁的叶和种子、银杏种仁、松花粉、松针、松油、麻黄、侧柏种子、刺柏根和树皮等均可入药。苏铁的叶煎水可治咳嗽；种子微有毒，可入药，有通经、止咳、疗痢的功效；茎内淀粉可以加工食用，称为"西米"。银杏的种子可供食用，含有丰富营养，但因含有氢氰酸不可多食，以免中毒；种仁具有止咳化痰、补肺、通经、利尿等功效，捣烂涂于手脚上有治疗皮肤皲裂的功效；外种皮和叶有毒，具有杀虫的功效。刺柏的根、树皮、果实，具有清热、解毒、杀虫等功效。油松具有祛风燥湿、止痛等功效，可以用于治疗风寒湿痹、跌打伤痛。买麻藤的茎、叶和根，具有祛风除湿、活血散瘀等功效，茎和叶可以用于治疗风湿骨痛，根可以用于治疗筋骨酸软、跌打损伤，外敷可以用于治疗毒蛇咬伤。圆柏的枝和叶，具有祛风散寒、活血消肿、解毒利尿等功效，可以用于治疗风寒感冒、肺结核；外用可以治疗荨麻疹、风湿关节痛。华山松的花粉，在医学上称为"松黄"，浸酒温服，有医治创伤出血的功效，还可预防汗疹。落叶松、云杉等多种树皮、树干可提取单宁、挥发油、树脂、松香等。银杏、华山松、红松和榧树的种子是可以食用的干果。

氢 氰 酸

氢氰酸，能爆炸，具有苦杏仁味，为无色液体，易溶于水、酒精和乙醚，在空气中可燃烧，主要应用于电镀业、采矿业等，具有剧毒，经口或吸入人体可导致人中毒，液体可经皮肤或眼结膜进入人体导致人中毒。

单 宁

单宁是一种复合化合物，存在于多种树木（如橡胶树和漆树）的树皮和果实中，为松散粉末，呈黄色或棕黄色，在空气中颜色逐渐变深，易溶于水、乙醇、丙酮，可用于鞣制生皮，也可应用于食品加工、果蔬加工等方面。

挥 发 油

挥发油，又称为"精油"，是一类挥发油，具有芳香气味，存在于植物中，与水不相混溶，大多具有发汗、理气、止痛、抑菌、矫味等作用。薄荷、紫苏、藿香、茴香、当归、芫荽、白芷、川芎、茵陈蒿、苍术、白术、木香、生姜、姜黄、郁金、玫瑰等都可以提取挥发油。

刺　柏

　　刺柏，又名山刺柏、刺柏树、短柏木，属于柏科刺柏属，为常绿小乔木，是中国特有树种。植株耐旱，主根和侧根均发达，在干旱沙地、向阳山坡以及岩石缝隙处均可生长，树形美丽，叶片苍翠，冬夏常青，可孤植或列植，在北方园林中可搭配应用，同时也可制作盆景。刺柏以根入药，具有清热解毒的功效。刺柏心材呈红褐色，纹理直，结构细，有香气，并耐水湿，可作船底、桥柱、工艺品用材。

　　刺柏植株高达12米，树皮呈褐色，纵裂成长条薄片脱落；树冠塔形，大枝斜展或直伸，小枝下垂，三棱形。叶全部刺形，坚硬且尖锐，三叶轮生，披针形，长12～20毫米，宽1.2～2毫米，先端尖锐，基部不下延，表面平凹，中脉呈绿色

而隆起，两侧各有1条白色气孔带，背面呈深绿色且光亮，有纵脊。雌雄同株或异株。球果近圆球形，肉质，直径6～10毫米，顶端有3条皱纹和三角状钝尖突起，呈淡红色或淡红褐色，成熟后顶稍开裂，有种子1～3粒。种子半月形，有3棱。花期4月，果实成熟需要两年。

庭 园 树

庭园树是指种植于庭院、公园等场所的一类观赏树种，均为常绿树种，一般树体高大，枝繁叶茂。金钱松、雪松、巨杉、金松、南洋杉是世界五大庭园树种。

盆 景

盆景是以植物和山石为基本材料在盆内表现自然景观的艺术品，是呈现于盆器中的风景或园林花木景观的艺术缩制品，起源于中国，一般分为树桩盆景和山水盆景两大类，以植物、山石、土、水等为材料，由景、盆、几（架）三个要素组成。

树 冠

树冠和主干一起组成了树的地上部分。从树体结构上分，树冠主要由骨干枝和辅养枝组成。构成树冠骨架的永久性大枝称为"骨干枝"，包括中心干、主枝和侧枝三部分。

金钱松

圆　柏

圆柏

　　圆柏，又名桧、桧柏，属于柏科圆柏属，为常绿乔木。植株在温凉稍燥地区生长较快，耐修剪，易整形，幼龄树树冠整齐为圆锥形，树形优美，大树干枝扭曲，姿态奇古，可以独树成景，也可作绿篱和防护林，是重要的庭园观赏树种；对多种有害气体有一定抗性，是针叶树中对氯气和氟化氢抗性较强的树种，是中国西北地区水土保持和固沙防风的重要树种。圆柏的材质坚密，呈桃红色，有芳香，可制作图板、铅笔、家具；耐腐力强，可做建筑、工艺品、室内安装的材料。种子可榨取油，枝、叶和树皮可入药，具有祛风散寒、活血解毒的功效。

　　圆柏植株高20米，胸径达3～5米；树冠尖塔形或圆锥形，老树树冠呈广卵形或钟形；树皮呈深灰色或暗红褐色，成狭条纵裂脱落；近基部的大枝平展，上部逐渐斜上。叶呈深绿色，分为鳞叶和刺叶两种，鳞叶对生，多见于老树或老枝上；刺叶常3枚轮生，长0.6～1.2厘米，叶上面微凹，有2条白色气孔带。雌雄异株，少数雌雄同株。球果近圆球形，直径6～8毫米，呈暗褐色，外被白粉，具种子1～4粒。种子卵形，扁。花期4月下旬，果实成熟需要两年。

氯　气

氯气是一种有毒气体，常温常压下为黄绿色气体，主要通过呼吸道侵入人体并溶解在黏膜所含的水分里，对上呼吸道黏膜造成有害的影响，氯气中毒的明显症状是发生剧烈的咳嗽。症状重时，中毒者会发生肺水肿，使循环作用困难而致死亡。

氟　化　氢

氟化氢是无色气体，具有极强的腐蚀性，有剧毒，可以通过皮肤黏膜、呼吸道、肠胃道吸收进入人体。如果不慎被氢氟酸溅到，应立即用大量清水冲洗20～30分钟，然后用葡萄糖酸钙软膏或药水涂抹；如果不小心误饮，应立即喝下大量的高钙牛奶，然后紧急送医处理。

二氧化硫

二氧化硫是常见的硫氧化物之一，无色气体，有强烈刺激性气味，是大气主要污染物之一，煤和石油通常都含有硫化合物，燃烧时会生成二氧化硫。当二氧化硫溶于水中，会形成亚硫酸（酸雨的主要成分）。

华 山 松

华山松

华山松，又名五须松、果松、小黄松，属于松科松属，为常绿大乔木，是以华山命名的五针叶松树，可作建筑、家具及木纤维工业原料。树干可割取树脂；树皮可提取栲胶；针叶可提炼芳香油；种子可食用也可榨油。华山松的花粉，在医学上称为"松黄"，浸酒温服，有医治创伤出血的功效，还可作预防汗疹的爽身粉。

华山松高达35米，胸径1米，树冠广圆锥形；小枝平滑无形毛；冬芽小，圆柱形，呈栗褐色；幼树树皮呈灰绿色，老则裂成方形厚块片固着树上。叶五针一束，长8～15厘米，质柔软，边有细锯齿；树脂道多为3条，中生或背面2条边生，腹面1条中生，叶鞘早落。球果圆锥状长卵形，长10～20厘米，柄长2～5厘米，成熟时种鳞张开，种子脱落。球果幼时呈绿色，成熟时变成淡黄褐色；种鳞先端不反曲或微反曲；鳞脐不明显。种子无翅或近无翅，两侧及顶端具棱脊。花期4～5月，果实成熟需要两年。

水浸千年松

华山松的木材材质轻软，纹理细致，易于加工，而且耐水、耐腐，有"水浸千年松"的声誉，是名副其实的栋梁之材，可作家具、雕刻、胶合板、枕木、电杆、车船和桥梁用材。

松 花 粉

松花粉可入药，在《神农本草经》中就有其记载，具有祛风、益气、收湿、止血、通肝等功效。干燥的松花粉为淡黄色的细粉末，气微香，手捻有滑润感，不沉于水，主要取自于松科植物的雄球花。

松 子

松子是松树的种子，含有脂肪，可以榨油，还含有蛋白质、碳水化合物、多种维生素和氨基酸，中医认为，其具有润泽皮肤、抗衰延寿、补益气血、润肠通便、滋阴养液等功效，是具有较高营养价值的坚果，但不宜存储过长的时间。

成熟的球果

裸子植物的加工价值

杉树

　　裸子植物很多为重要林木，在北半球，大的森林80％以上是裸子植物，如落叶松、冷杉、华山松、云杉等。银杏的材质紧密细致、富弹性，易加工，边材、心材的区分不明显，不易反翘或开裂，纹理直，有光泽，是供作家具、雕刻、绘图板、建筑、室内装修用的优良木材。南洋杉的木材可供建筑及制作家具用，树皮可提取松脂。油杉的木材呈淡黄褐色、有光泽，富含树脂，坚实耐用，供建筑、矿柱、家具等用。北美黄衫的木材具树脂，材质坚韧，纹理细致，富有弹性，经久耐用，供建筑、船舶、桥梁、车辆、枕木、家具等用，是北美最重要的材用树种之一。铁杉的木材坚实，纹理细致而均匀，抗腐力强，耐水湿，可供建筑、飞机、家具和木纤维工业原料等用，树干可割树脂，树皮可提栲胶，种子可榨油。冷杉的木材色浅，心边材区别不明显，无正常树脂道，材质轻柔、结构细致，无气味，易加工，不耐腐，为制造纸浆及一切木纤维工作的优良原料，可作一般建筑枕木（需防腐处理）、器具、家具及胶合板，板材宜作箱盒、水果箱等。落叶松的木材略重，硬度中等，边材淡黄色，心材黄褐色至红褐色，有树脂，耐久用，可供土木工程、器具、枕木、电杆、造纸等用。油松的木材富含松脂，耐腐，适作建筑、家具、枕木、矿柱、电杆、人造纤维等用材。

植物休眠的定义

当不良环境或季节出现时，植物的某些器官或整株处于生长极为缓慢或者暂停的一种状态，并出现保护性结构或形成贮藏器官，以利于植物抵抗或适应恶劣的外界环境的现象，称为"植物休眠"。

木 质 部

木质部是维管植物的运输组织，由导管、管胞、木射线、薄壁组织和木纤维构成，能够将根吸收的水分和溶解于水里面的养分向上运输，以供其他器官组织使用，也有支持植物体的作用。

水 循 环

水循环是指水在地球系统中永无休止的循环运动。地球上的水通过蒸发和散热，以水汽的形式进入大气圈。在适当的条件下，大气中的水汽以降水的形式落到地表。如果水循环的过程中携带了有害物质，则可能造成水污染。

冷　杉

　　冷杉，为常绿乔木，属于松科冷杉属，树皮和枝皮含树脂，树干端直，枝条轮生，是优良的园林绿化树种。

　　冷杉的小枝对生，基部有宿存的芽鳞，叶脱落后枝上留有近圆形的叶痕；冬芽常具树脂。叶、芽鳞、雄蕊、苞鳞、珠鳞和种鳞均螺旋状排列。叶辐射伸展或基部扭转排成彼此重叠的两列，或小枝下面的叶成两列，上面的叶斜展，直伸或向后反曲；叶线形，扁平，稀上下面隆起，先端尖、钝、凹缺或二裂；叶柄极短，柄端微膨大呈吸盘状；叶内具树脂道2条，位于维管束鞘两侧（中生），或靠近下面两端的皮下层细胞（边生）。植株雌雄同株，球花单生于去年生枝的叶腋处；雄球花穗状圆柱形，雄蕊多数，花药2枚，药室横裂，花粉有气囊；雌球花直立，短圆柱形，苞鳞大于珠鳞，珠鳞的腹面基部有倒生胚珠2个；球果当年成熟，直立，

辽东冷杉

椭圆状圆柱形或短圆柱形；生于高海拔处的球果常呈黑色、紫黑色或蓝黑色，生于海拔较低和低纬度地区的球果初呈绿色，成熟后变成黄褐色、褐色或红褐色；种鳞木质，排列紧密，常为扇状四边形或肾形；苞鳞较种鳞短，或长于种鳞而明显外露。种子具宽大的膜质种翅，种皮有树脂囊，种翅稍短于种鳞，下端边缘包卷种子。球果成熟干燥后，种鳞与种子一同从宿存的中轴上脱落。

芽　鳞

芽鳞是指特化或退化成鳞片状的变态叶，包在芽的外面，具有保护的作用。芽鳞脱落后留下的痕迹，称为"芽鳞痕"，常在茎的周围排列成环，可以作为判断枝条生长年龄的依据。大多数的冬芽都具有芽鳞。

苞　鳞

裸子植物的大孢子叶球由大孢子叶构成，呈螺旋状排列在纵轴上。大孢子叶下面较小的薄片称为"苞鳞"，上面较大而顶部肥厚的部分称为"珠鳞"，又称为"种鳞"或"果鳞"。

成熟的球果

种　鳞

种鳞是针叶球果的组成部分，由珠鳞发育而成，与苞鳞呈上下内外的组合体，一般处于上方或内方，呈螺旋状排列。

南 洋 杉

南洋杉，又名鳞叶南洋杉、尖叶南洋杉，属于南洋杉科南洋杉属，为常绿乔木，主干直立，整树呈塔形，枝轮生水平伸出，轮距均匀、层次分明，无刺，外观端庄，是优良的观叶植物，多作盆栽。南洋杉的树形为尖塔形，枝叶茂盛，叶片呈三角形或卵形，是世界著名的庭园树之一，可列植、孤植或配植于树丛内，也可作雕塑或风景建筑的背景树，还可作行道树用，但以选无强风地点为宜，以免树冠偏斜。南洋杉材质优良，是澳洲和南非重要用材树种，可制作建筑、器具、家具等用。

南洋杉在原产地高达70米，胸径1米以上；树皮呈灰褐色或暗灰色，粗糙，横裂；大枝平展或斜生，侧生小枝密集下垂，近羽状排列；幼树树冠尖塔形，老树则为平顶。幼树的叶排列疏松，开展，锥形、针形、镰形或三角形，长7～17毫米，微具四棱；老树和花果枝上的叶排列紧密，卵形或三角状卵形，上下扁，背面微凸，长6～10毫米。球果

卵圆形或椭圆形，长6～10厘米。种子椭圆形，两侧具结合而生的薄翅。

智利南洋杉

智利南洋杉，又名南美杉，植株高30～50米。叶披针形，先端屈曲，密生于主枝上部，覆瓦状排列，长5厘米，侧枝上叶长2.5厘米，两面光泽呈深绿色，酷似柳杉；球果直立，圆球形或椭圆形人头状。

细叶南洋杉

细叶南洋杉，又名猴子杉、异叶南洋杉、诺福克南洋杉。叶钻形，两侧略扁，长7～18毫米，端锐尖；球果近球形，苞鳞的先端向上弯曲。

大叶南洋杉

大叶南洋杉，又名塔杉、洋刺杉、宽阔叶南洋杉、披针叶南洋杉，为乔木，高达50米。叶卵状披针形，长18～35毫米；球果球形，苞鳞的先端呈三角状突尖向后反曲；种子先端肥大、外露，两侧无翅。

杉树的叶

铁　杉

铁杉

　　铁杉，属于松科铁杉属，为常绿针叶乔木，是中国特有种。植株树姿古朴，干直冠大，巍然挺拔，枝叶茂密整齐，天然整枝能力强，耐阴，寿命长达数百年以上，深根性，抗风能力强，可用于营造风景林，也适合在园林中孤植或丛植。铁杉的木材结构细致，材质坚重，不翘裂，耐水湿，可以制作胶合板、木桶、枕木、坑木；强度中，易加工，适合制作房架、墙板、檩条椽子、地板里层、门、窗、柱子、百叶窗、家具、木梯、工具或其他农具。

　　铁杉树高25～30米，胸径40～80厘米；树冠塔形，直立高大，树干下部的大枝通常不脱落；树皮片状剥落，呈褐灰色；大枝平展，枝梢下垂，侧枝展开；一年生枝细呈淡黄、淡褐黄或淡灰黄色，叶枕凹槽内有短毛。叶线型，在枝上螺旋状排列，基部扭转排成两列，条形，先端纯圆，有凹缺，全缘，叶面呈绿色且有光，叶背呈淡绿色，具气孔带2条；冬芽卵圆或球形。花期4月，球果当年10月成熟。

铁杉的诗词

铁杉千载笑春风，遮却方圆半亩空。根扎深山枝叶茂，世人唤作异萝松。

风　景　林

风景林是指种植于风景名胜区、森林公园及游览场所内的森林或灌木林，以美化环境为主要目的，能够满足人类休憩和欣赏的需求。

长苞铁杉

长苞铁杉属于松科铁杉属，为常绿乔木，是中国特有的珍贵树种。植株高30米，枝条平展常稍下垂；树皮呈暗褐色，纵裂；叶辐射伸展，线形；雄球花单生于叶腋处；雌球花单生侧枝顶端，直立；球果圆柱形，成熟时呈红褐色；种鳞近斜方形；种子三角状扁卵圆形。

铁杉

裸子植物的生态价值

华山松

　　银杏和华山松等裸子植物不仅具有极高的欣赏价值、药用价值、使用价值，还具有涵养水源、防风固沙、保持水土等功效。在森林被伐，水土流失，风沙侵蚀地带，栽培防护林区、防护林带，护路林、护岸林、护滩林、防沙林等，可以保持水土，改善生态环境。营造裸子植物林区或林带，对农田和居住区调节气温、改善气候均具有良好影响。侧柏浅根性，但侧根发达，萌芽性强、耐修剪、寿命长，抗烟尘，抗二氧化硫、氯化氢等有害气体，分布广，为中国应用最普遍的观赏树木之一。圆柏耐修剪，易整形，对土壤的干旱及潮湿均有一定的抗性，侧根也很发达，寿命极长，对多种有害气体有一定抗性，是针叶树中对氯气和氟化氢抗性较强的树种，能吸收一定数量的硫和汞，防尘和隔音效果良好。柳杉根系较浅，抗风力差，对二氧化硫、氯气、氟化氢等有较好的抗性。众多的裸子植物都具有极高的生态价值。

涵养水源

涵养水源是森林具有的生态功能之一。这类森林常分布于水体附近，能够调节区域水分循环，改善水文状况，保护人类的水源，是生物圈中最活跃的生物地理群落之一。

防风固沙

防风固沙是森林具有的生态功能之一。这类森林常分布于盐碱地区、沙漠地区、高山地区。这类树种一般抗旱、抗寒、耐盐碱，包括沙枣、沙棘、沙柳、沙蒿、花棒、梭梭、胡杨、红柳、白刺。

沙棘

保持水土

保持水土是森林具有的生态功能之一，也是针对水土流失所采取的预防和治理措施。

马 尾 松

马尾松

　　马尾松属于松属松科，为常绿乔木，是重要的绿化造林树种和景观树种；材质硬度中等，纹理直或斜不匀，干燥时翘裂较严重，木材较耐腐，可作建筑、水下工程、家具、造纸等用；树干富含油脂，可提取松脂；叶可提芳香油；枝干可供培养茯苓和松蕈等真菌，还可提取染料；花粉可入药，有防湿疹、保护皮肤的功效；松子含油，除食用外，可制肥皂、油漆和润滑油等。松油脂、松香、叶、根、茎节、嫩叶（俗称为"树心"）等可入药，具有祛风湿、活血祛愈、止痛、止血等功效。

　　马尾松高达45米，胸径1米；树冠在壮年期呈狭圆锥形，老年期则开张如伞状；树干呈红褐色，呈块状开裂；外皮呈深红褐色微灰，纵裂，长方形剥落；内皮呈枣红色微黄；枝条无毛，一年生小枝呈淡黄褐色，轮生；冬芽圆柱形。叶两针一束，长12～20厘米，质软，叶缘有细锯齿，具树脂道4～8条，树脂道边生。球果长卵形，长4～7厘米，径2.5～4厘米，有短梗，常下垂，成熟时变成栗褐色；脱落种鳞的鳞背扁平，鳞脐不突起，无刺。种子长4～5毫米，翅长1.5厘米。花期4月，果实于翌年10～12月成熟。

茯　苓

茯苓，又名玉灵、茯灵、万灵桂、茯菟，属于拟层孔菌科茯苓属，寄生于松科植物赤松或马尾松等树根上，可入药，具有利水渗湿、益脾和胃、宁心安神的功效。

肥　皂

肥皂是脂肪酸金属盐的总称，所含金属主要是钠或钾等碱金属。油脂、蜡、松香或脂肪酸等和碱类起皂化或中和反应所得的脂肪酸盐，皆可称为"肥皂"。肥皂能溶于水，有洗涤去污作用。

松　烟　墨

古代制墨，多用松木烧出烟灰做原料，松烟墨特点是浓黑无光，入水易化，宜画人物须眉、翎毛和蝶翅等。中国制墨所采用的烟料，可分为松烟和油烟两大类。

松塔

侧 柏

侧柏，又名柏树、扁柏、香柏，为常绿乔木，属于柏科侧柏属，在中国分布极广，是优良的园林绿化树种。侧柏的侧根发达，萌芽性强、耐修剪、寿命长，抗烟尘，抗二氧化硫、氯化氢等有害气体，分布广，是中国应用最普遍的观赏树木之一；木质软硬适中，细致，有香气，耐腐力强，多用于建筑、家具、细木工等。种子、根、叶和树皮可入药；用种子榨油，供制皂、食用或药用。侧柏的枝和叶有小毒，人、畜中毒引起腹痛、腹泻、恶心、呕吐、头晕、口吐白沫，有时发生肺水肿、强直性或阵挛性惊厥、循环及呼吸衰竭等症状。常见的品种有千头柏、金黄球柏、金枝千头柏、金塔柏、窄冠侧柏、丛柏、圆枝侧柏。

侧柏植株高达20米，树冠广卵形，幼树树冠卵状尖塔形；树皮呈红褐色，纵裂；小枝扁平。叶为鳞叶，中央叶倒卵状菱形，背面有腺槽，两侧叶船形，中

侧柏的果实

央叶与两侧叶交互对生。雌雄同株异花，雌花和雄花均单生于枝顶，雄球花呈黄色。球果阔卵形，近熟时呈蓝绿色被白粉；种鳞木质，呈红褐色，种鳞4对，成熟时张开，背部有一个反曲尖头，种子脱出。种子卵形，呈灰褐色，无翅，有棱脊。花期3～4月，种熟期9～10月。

烟　　尘

　　烟尘是指在燃料的燃烧、高温熔融和化学反应等过程中形成的漂浮于空中的颗粒物，粒径很小。典型的烟尘是烟筒里冒出的黑色烟雾，即燃烧不完全的小小黑色碳粒。

侧柏的果实

氯　化　氢

　　氯化氢是无色而有刺激性气味的气体，对环境有危害，对水体可造成污染，具强刺激性。氯化氢易溶于水，水溶液呈酸性，称为"氢氯酸"，也就常说的"盐酸"。氯化氢的气体和溶液对眼和呼吸道黏膜有强烈的刺激作用。

千　头　柏

　　千头柏是侧柏的栽培变种，为常绿灌木，植株高3～5米，丛生，树冠卵圆形或圆球形；树皮呈浅褐色，片状剥离；大枝斜出，小枝直展，扁平，排成一平面；叶鳞形，交互对生，紧贴于小枝，两面均呈绿色；球花单生于小枝顶端；球果卵圆形，肉质，呈蓝绿色，被白粉，成熟时呈红褐色；种子卵圆形或长卵形。

裸子植物的观赏价值

行道树

　　苏铁体型优美，有反映热带风光的观赏效果，常布置于花坛的中心或盆栽布置于大型会场内供装饰用。银杏树姿雄伟壮丽，叶形优美，寿命长，适宜作庭荫树、行道树或独赏树。在大面积用银杏绿化时，可多种雌株，并将雄株植于上风带，以利于籽实的丰收。南洋杉树形高大，姿态优美，与雪松、金钱松、巨杉等合称为世界四大公园树。南洋杉也是珍贵的室内盆栽装饰树种。油杉是中国特有的树种，树冠塔形，枝条开展，叶色常青，在中国东南部城市可用作园景树。北美黄衫的树干通直高大，具尖塔形的树冠，壮丽优美，观赏价值很高，是良好的孤植树。落叶松树势高大挺拔，冠形美观，根系十分发达，抗烟能力强，是优良的园林绿化树种。刺柏树形美丽，叶片苍翠，冬夏常青，果实呈红褐或蓝黑色，可孤植、列植，也是制作盆景的好素材。油松树干挺拔苍劲，四季常春，不畏风雪严寒。圆柏幼龄树树冠整齐，圆锥形，树形优美，大树干枝扭曲，姿态奇古，可以独树成景，是中国传统的园林树种，多配植于庙宇、陵墓作墓道树或柏林。

庭 荫 树

庭荫树，又称为绿荫树或庇荫树，是指孤植或对植于庭院中的树木。常见树种包括毛白杨、加拿大杨、青杨、旱柳、白蜡树、榆树、槐、刺槐、悬铃木、银杏、泡桐、枫杨、垂柳、三角枫、无患子、枫香、桂花、樟树、榕树、橄榄、桉树、金合欢、木麻黄、红豆树、楝树、楸树、凤凰木、木棉、蒲葵等。

行 道 树

行道树是指种植在各种道路两侧及分车带的树木，可以补充氧气、净化空气、美化城市、减少噪音等，一般树形优美。常见树种包括圆柏、龙柏、雪松、马尾松、悬铃木、椴树、白榆、七叶树、枫树、银杏、樟树、广玉兰、含笑、女贞、青桐、杨树、柳树、槐树、池杉、榕树、水杉等。

独 赏 树

独赏树，又称为孤赏树、孤植树、赏形树或独植树，一般树形优美，可独立成为景观供人观赏，常植于庭园或公园中。常见树种包括雪松、银杏、花椒、槭树、榕树、桑树、垂槐、垂柳、垂榆等。

雪　松

雪松

　　雪松，属于松科雪松属，为常绿针叶乔木，原产于喜马拉雅山地区。植株高大挺拔，侧枝平伸，枝叶浓密，树冠呈坐地尖塔形，终年苍翠，姿态雄美。大西洋雪松、短叶雪松、喜马拉雅雪松和黎巴嫩雪松等均为高大乔木，枝条开展，树冠不规则。雪松木材轻软，具树脂，不易受潮，在原产地是一种重要的建筑用材。雪松经蒸馏还可得芳香油，提取的精油具有抗菌、收敛、利尿、柔软、化痰、杀真菌、杀虫、镇静的作用。

　　雪松高可达80米，树冠尖塔形，大枝平展，小枝略下垂；幼树树皮呈深灰色，较平滑，成熟后呈棕色，龟裂成鳞片。叶针状三棱形，坚韧，沿长枝散生，在短枝顶端则成密丛，宿存

3～6年，每叶内有树脂道2条。雌球花初时呈紫红色，后变成淡绿色；雄球花近黄色。球果翌年成熟，椭圆状卵形，熟时呈赤褐色。花期10～11月，但雄球花较雌球花早7～15天开放。

黎巴嫩雪松

黎巴嫩雪松是雪松的一个变种，属于松科雪松属，为常绿针叶乔木，可入药，用于治疗支气管炎、肺结核等。树体高大，树干粗壮挺直，树冠呈三角形塔状。木材可以作为建筑材料，具有香气，还可以用于制作化妆品、香水等。

雪松精油

雪松精油是从雪松类植物中提取的精油，具有木质香，具有抗菌、收敛、利尿、化痰等作用，其中消炎作用显著，对支气管炎、咳嗽等有较好的疗效，还可以改善神经紧张和焦虑状态。

抗　寒　性

抗寒性是指植物对低温的适应和抵抗的能力，分为抗冷性和抗冻性。抗冷性是指植物对冰点以上低温的适应和抵抗的能力。

精油

金 钱 松

金钱松，又名金松、水树，属于松科金钱松属，为落叶大乔木，树姿优美，秋叶金黄，短枝的叶辐射平展成圆盘状，被誉为"世界公园四大著名观赏树种"之一；树干端直，木材结构略粗，但纹理直，较耐水湿，可供建筑、船舶、家具等用。常见伴生植物有柳杉、榧树、枫香、紫楠等。

金钱松树干通直，高达40～60米，胸径达1.5米；树冠塔形，树干端直，树皮呈灰褐色或灰色，裂成不规则鳞状块片；大枝不规则轮生。叶、芽鳞、雄蕊、苞鳞、珠鳞和种鳞均螺旋状排列。叶在长枝上散生，在短枝上簇生状，辐射平展成圆盘状，线形，长2～5.5厘米，柔软，呈绿色，叶内有边生树脂道2条。雌雄同株，雄球花簇生短枝顶端，雄

枫香

蕊多数，花药2室，药室横裂，花粉有气囊；雌球花单生短枝顶端，直立，珠鳞多数，较苞鳞短小，每珠鳞腹面基部着生倒生胚珠2个，背面托以仅基部合生的苞鳞。球果当年成熟，直立，卵圆形，长6～7.5厘米，直径4～5厘米，成熟前呈绿色或微带黄色，熟时呈淡红褐色；种鳞木质，狭卵状三角形；苞鳞小，不发育；球果成熟后种鳞、种子与果轴一同脱落、飞散。种子卵圆形，呈白色，下面有树脂囊，基部有种翅包裹，种翅与种鳞等长，三角状披针形。

金钱松的树皮

金钱松的树皮呈黄色，粗糙，有皱纹及灰白色横向皮孔，粗皮常呈鳞片状剥落，剥落处红棕色，内表面黄棕色至红棕色，平坦，有细致的纵向纹理，质韧，折断面呈裂片状，可层层剥离，气微，味苦而涩。

土 槿 皮

土槿皮，又称为"土荆皮"，是指金钱松的干燥根皮或近根树皮，是重要的中药材，具有止痒、杀虫、抗真菌等功效，其中抗菌作用显著，对常见的10种致病真菌均有一定的抗菌作用，常做成浸膏，外敷。

紫 楠

紫楠，又名黄心楠、紫金楠、金心楠、金丝楠，属于樟科楠属，为常绿乔木。植株高达20米，胸径50厘米，树皮呈灰白色；叶革质，倒卵形、椭圆状倒卵形或阔倒披针形；花序为圆锥花序；果实卵形。

走进大自然
ZOU JIN DA ZI RAN

巨　杉

　　巨杉，又名北美巨杉，属于杉科巨杉属，为常绿巨乔木，木材抗腐朽，但是比较脆，因此不适合当建筑材料，常用来做屋顶木板、栅栏或火柴棒。

　　巨杉在原产地高过100米，胸径达10米，因此得名，干基部有垛柱状膨大物；树皮深纵裂，厚30～60厘米；树冠圆锥形；冬芽小且裸；小枝初现呈绿色，后变成淡褐色。叶鳞状钻形，螺旋状排列，下部贴生小枝，上部分离部分长3～6毫米，先端

杉树

锐尖，两面有气孔。雌雄同株。球果椭圆形，长5～8厘米，成熟需要两年；种鳞盾形，顶部有凹框，幼时呈淡褐色，长3～6毫米，两侧有翅。

火　柴

　　火柴是能摩擦发火的取火工具。用易燃的木材做成小棒，称为"火柴梗"；一端蘸以蜡油和含氯酸钾的药料，称为"火柴头"。在包装盒上涂以含赤磷的磷面。使用时，将火柴在磷面上擦划，即能引燃，极为方便。

栅　栏

　　栅栏是用铁条或木条等做成的类似篱笆而较坚固的东西，在生产和生活中应用十分广泛，由栅栏板、横带板、栅栏柱三部分组成。木制栅栏常用于庭园外，具有美化的作用。

屋　顶

　　屋顶是指房屋或构筑物外部的顶盖，包括屋面以及在墙或其他支撑物以上用以支承屋面的一切必要材料和构造。

杉树

落 叶 松

落叶松，属于松科落叶松属，为落叶乔木，是中国东北、内蒙古林区以及华北、西南的高山针叶林的主要森林组成树种，是东北地区主要三大针叶用材林树种之一，天然分布很广，广泛分布于寒温带和温带，在针叶树种中是最耐寒的，垂直分布达到森林分布的最上限。落叶松的木材重而坚实，抗压，抗弯曲的强度大，耐腐朽，木材工艺价值高，是电杆、枕木、桥梁、矿柱、车辆、建筑等优良用材。同时，落叶松树势高大挺拔，冠形美观，根系十分发达，抗烟能力强，是优良的园林绿化树种。落叶松阿拉伯半乳聚糖由落叶松属木材用水或稀碱液浸提加工而得，属低黏度高分散性树胶，主要用于医药、食品等。落叶松在中国北方地区天然分布和人工栽培的主要有兴安落叶松、长白落叶松、华北落叶松、黄花落叶松。

落叶松的树干通直，高达35米，胸径达90厘米；树皮呈灰色、暗灰色或灰褐色，皮沟深，纵裂成片状脱落，落痕呈紫红色，折断后断面呈深褐色；小枝规则互生，分长枝与短枝二型；叶、芽鳞、雄蕊、苞鳞、珠鳞与种鳞均螺旋状排列；一年生长枝纤细，径约1毫米，呈淡黄褐色

黄花落叶松

裸子植物

104

或淡褐黄色，基部常有长毛，二至三年生枝呈褐色、灰褐色或灰色；短枝直径2～3毫米，顶端有近白色长毛。叶倒披针状线形，扁平，表面平，背面中脉隆起，两侧各有2或3条气孔线。球果成熟时上部种鳞张开呈杯状或为椭圆形，呈黄褐色、淡褐色或有时带紫色，种鳞为16～30枚；中部种鳞卵形，鳞背无毛，有光泽；苞鳞较短，卵状披针形。种子斜圆卵形，呈灰白色，具淡褐色斑纹，连翅长约1厘米；种翅中下部宽，先端偏斜。花期5～6月，球果9～10月成熟。

长白落叶松

长白落叶松，又名黄花松、朝鲜落叶松，为落叶乔木，属于松科落叶松属。植株高达30米，胸径1米；树皮呈灰色或灰褐色，纵裂呈长鳞片状翘起，易剥落；球果长卵圆形，成熟前呈淡红色或紫红色，成熟时呈淡褐色；种子倒卵圆形，呈淡黄白色或白色，具不规则的紫色斑纹。

华北落叶松

华北落叶松，为落叶乔木，属于松科落叶松属，耐寒性强。植株高达30米，胸径1米，树冠圆锥形；树皮呈暗灰褐色，呈不规则鳞状裂开；种鳞边缘不反曲；种子呈灰白色，有褐色斑纹，有长翅。

黄花落叶松

黄花落叶松属于松科落叶松属，为落叶乔木。植株高可达40米，树冠尖塔形；树皮呈灰色、暗灰色或灰褐色，纵裂成长鳞片状翘离，易剥落；一年生枝呈淡红褐色或淡褐色；球果卵形或卵圆形，成熟前呈淡红紫色或紫红色，成熟时呈淡褐色或稍带紫色，苞鳞不外露。

油 松

油松

　　油松，又名红皮松、短叶松，属于松科松属，为针叶常绿乔木，分布广，是中国北方广大地区最主要的造林树种之一。植株适应性强，根系发达，树姿雄伟，枝叶繁茂，有良好的保持水土和美化环境的功能；木材富含松脂，耐腐，适作建筑、家具、枕木、矿柱、电杆、人造纤维等用材；树干可割取松脂，提取松节油。松节、松叶、松球、松花粉、树脂可入药，具有祛风燥湿、止痛等功效，可以用于治疗风寒湿痹、跌打伤痛等。适于做油松伴生树种的有元宝枫、栎类、桦木、侧柏等。

　　油松植株高达30米，胸径可达1米；树冠幼年为塔形或圆锥状形，中年树呈卵形或不整齐梯形，孤立老年树的树冠为平顶、扁圆形、伞形等；干粗壮直立；树皮下部呈灰褐色，裂成不规则鳞块，裂缝及上部树皮呈红褐色；大枝平展或斜向上，老树平顶；小枝粗壮，呈黄褐色，有光泽，无白粉；冬芽长圆形，顶端尖，微具树脂，芽鳞呈红褐色。针叶两针一束，呈暗绿色，较粗硬，边缘有细锯齿，两面均有气孔线，叶鞘初呈淡褐色，后变成淡黑褐色。雄球花柱形，聚生于新枝下部呈穗状。当年生幼球果卵球形，呈黄褐色或黄绿色，直立；球果卵形或卵圆形，长4～7厘米，有短柄，与枝几乎成直角，成熟后呈黄褐色，常宿存几年；中部种鳞近长圆状倒卵形，鳞盾肥厚、有光泽，扁菱形或扁菱状多角形，横脊明显，纵脊几乎无，鳞脐明显，有刺尖。种子长6～8毫米，连翅长1.5～2.0厘米，翅为种子长的2～3倍。花期5月，球果第二年10月上旬或中旬成熟。

松　节

松节，又名黄松木节、油松节，为松科植物油松、马尾松、赤松、云南松等枝干的结节，具有祛风燥湿、止痛等功效，可以用于治疗风寒湿痹、脚痹痿软、跌打伤痛。

松　叶

松叶呈针状，有的松类树种的松叶五针一束，有的松类树种的松叶两针一束。松叶一般质脆，气微香，味微苦涩，含有多种氨基酸和维生素，具有镇静、镇痛、降血脂、延缓衰老、抗病毒等作用。

松　球

松球是指松科植物油松或马尾松、云南松等松科植物的球果，可以入药，具有祛风、除痹、化痰、止咳、平喘、利尿、通便等功效，可用于治疗慢性气管炎、便秘等症。

龙　柏

龙柏

　　龙柏属于柏科圆柏属，是圆柏的变种，树冠圆柱形似龙体，侧枝稍有螺旋体，抗有害气体，滞尘能力强，耐修剪，多被种植于庭园，是重要的观赏树种，适合丛植或行列栽植，也可整修成球形或将小株栽成色块，有特殊的芬芳气味，在近处可嗅到。

　　龙柏植株高8米，树皮呈深灰色；树干表面有纵裂纹；树冠圆柱状；枝条长大时会呈螺旋伸展，向上盘曲，好像盘龙姿态，故名"龙柏"。叶全为鳞状叶（与桧的主要区别），沿枝条紧密排列成十字对生。花（孢子叶球）单性，雌雄异株，于春天开花，细小，呈淡黄绿色，并不显著，顶生于枝条末端。球果浆质，表面披有一层碧蓝色的蜡粉，内藏种子2粒。

果实的定义

果实是被子植物的花经过传粉和受精后，由雌蕊的子房膨大发育而成的器官，具有果皮和种子，这类果实称为"真果"。有些植物的整个花序也能参与果实的形成，这类果实称为"假果"。果实是植物重要的生殖器官。

果实的类型

果实主要分为单果、聚合果和聚花果三类。其中单果分为肉质果（浆果、核果、柑果、梨果、瓠果）、干果（荚果、蓇葖果、角果、蒴果、瘦果、颖果、坚果、双悬果）。

浆　　果

浆果是肉质果的一种，柔软多汁，由一个或几个心皮形成，含一粒至多粒种子，果皮分为外果皮、中果皮和内果皮三层。葡萄、猕猴桃、草莓、树莓、醋栗、越橘、无花果、杨桃、番木瓜、蒲桃、西番莲等水果的果实均为浆果。

越橘的果实

铺 地 柏

柏树

　　铺地柏，又名偃柏、匍地柏、矮桧、地柏、爬地柏，属于柏科圆柏属，为匍匐常绿灌木，匍匐枝悬垂倒挂，古雅别致，是制作悬崖式盆景的良好材料。地柏盆景可对称地陈放在厅室几座上，也可放在庭院台坡上或门廊两侧，枝叶翠绿，蜿蜒匍匐，颇为美观。在春季抽生新枝叶时，观赏效果最佳。生长季节不宜长时间放在室内，可移放在阳台或庭院中。在园林中可配植于岩石园或草坪角隅，又为缓土坡的良好地被植物，各地亦经常盆栽观赏。铺地柏有"银枝""金枝"及"多枝"等栽培变种。

　　铺地柏高75厘米，冠幅2米左右，贴近地面伏生。叶全为刺叶，散叶交叉轮生，叶上面有2条白色气孔线，下面基部有2个白色斑点，叶基下延生长，叶长6～8毫米。球果球形，内含种子2～3粒。

垂枝香柏

垂枝香柏属于柏科圆柏属，为乔木，是中国特有树种，木材具有芳香味道。植株高达30米，胸径达1米；树皮呈褐灰色，裂成条片脱落；雄球花椭圆形或卵圆形；球果卵圆形或近球形；种子卵圆形或近球形。

密枝圆柏

密枝圆柏属于柏科圆柏属，为乔木，是中国特有树种，也是优良的造林树种。植株高达20米，枝皮呈灰褐色，裂成不规则的片状脱落；分枝密，树冠密；雌雄异株或同株，雄球花卵圆形或近球形；球果锥状卵圆形或圆球形；种子锥状球形或锥状卵圆形。

柏树

祁连圆柏

祁连圆柏属于柏科圆柏属，为常绿乔木，是中国特有树种，也是优良的造林树种。植株高达12米，树皮呈灰色或灰褐色，裂成条片脱落；雌雄同株，雄球花卵圆形；球果卵圆形或近圆球形，成熟前呈绿色，微具白粉，熟后呈蓝褐色、蓝黑色或黑色；种子扁方圆形或近圆形。

裸子植物的保护

　　中国的裸子植物种类丰富，起源古老，多古残遗和孑遗成分，特有成分繁多，针叶林类型多样。中国的裸子植物有10科34属约250种，是世界上裸子植物最丰富的国家。在中国的裸子植物中有许多是北半球其他地区早已灭绝的古残遗种或孑遗种，并常为特有的单型属或少型属，如特有单种科——银杏科；特有单型属有水杉、水松、银杉、金钱松和白豆杉；半特有单型属和少型属有台湾杉、杉木、福建柏、侧柏、穗花杉和油杉，以及残遗种，如多种苏铁、冷杉等。

　　多数裸子植物树干端直、材质优良和出材率高，所以其所组成的针叶林常作为优先采伐的对象，使该资源正在受到强烈的人类活动的威胁和破坏。随着各类天然针叶林采伐和

裸子植物

苏铁的雌花蕊

破坏，原有生态环境发生改变，加快了林下生物消失和濒危的速度。同时，具有重要观赏价值和经济价值的裸子植物亦破坏严重。濒危和受威胁的裸子植物约63种，包括崖柏、苏铁、华南苏铁、四川苏铁、多歧苏铁、柔毛油杉、矩鳞油杉、海南油杉、百山祖冷杉、元宝山冷杉、康定云杉、大果青杆、太白红杉、短叶黄杉、贡山三尖杉、台湾穗花杉和云南穗花杉等。其中百山祖冷杉和台湾穗花杉被列入世界最濒危植物。

土壤的酸碱度

土壤酸碱度是土壤肥力的一项指标，能够影响植物的生长，可以调节，一般用pH值表示，分为酸性、中性和碱性三类。中国土壤的pH值在4.5~8.5之间。

土壤通气状况对根系吸水的影响

土壤中的充足的氧气能够促进根系发达，扩大吸水范围；足够的氧气有利于植物根部进行正常的呼吸，能够提高根系吸水的能力。如果土壤长时间缺氧，则引起根细胞进行无氧呼吸，最终损伤根系。

温度三基点

温度三基点是作物生命活动过程的最适温度、最低温度和最高温度的总称。在最适温度下，作物生长发育迅速而良好；在最高和最低温度下，作物停止生长发育，但仍能维持生命。如果继续升高或降低，就会对作物产生不同程度的危害，直至死亡。

水　松

水松

水松，属于杉科水松属，为落叶或半落叶乔木，是世界孑遗植物，是中国特有的单种属植物，为古老的残存种。水松属仅留水松一种，现存植株多系零散生长，抗风力强，是护堤防浪林和农田防护林优良树种；树姿美丽，是优良的庭园观赏树种；木材材质轻软，耐水湿，可作建筑等用材；根的木质部轻松，浮力大，可作救生圈及软木塞等。植株含双黄酮类化合物，叶含蜡质。果实、枝叶、树皮可以入药，具有化气止痛的功效，可以用于治疗胃痛、疝气疼痛、风湿性关节炎、高血压、烫伤等。球果、树皮含单宁，为栲胶原料。

水松植株高达40米，胸径达1米，生于水位高的地方，树干基部膨大，常成柱槽状，并有屈膝状呼吸根露出地面；在水位低、排水良好的立地，树干基部不膨大或微膨大，并无屈膝状呼吸根；树皮呈褐灰白色，浅裂成长条片脱落；小枝有二型，一型为多年生且宿存，另一型为一年生且脱落。叶异型，线状且扁平、针状且稍弯或鳞片状。单性同株，雌花和雄花同生于一枝上，或生于邻接的枝上。球果直立，顶生，卵形或长椭圆形；种鳞木质，上下不等。种子椭圆形，稍扁，呈褐色，有翅。

软 木 塞

　　软木塞最常作为葡萄酒瓶的木塞，最常用的木材是橡木。软橡木有两层树皮，内层树皮具有生命力，外层树皮死去后可以剥掉。橡木要生长50多年后，才适合做木塞。取出葡萄酒瓶的木塞时，需要用专用的开瓶器。

雨后的松树

球 果

　　球果是裸子植物的果实，球形或椭圆形，由质化鳞片叶聚集而成，分为雄球果和雌球果。杉科、柏科和桧科的球果为肉质的，称为"肉球果"。

栲 胶

　　栲胶是一类复杂的天然化合物，由富含单宁的植物原料加工而成，棕黄色至棕褐色，粉状或块状。在古代，人们就已经知道用树皮直接鞣皮和染色。一般原料不同，栲胶的组成、性质和用途也不同。

银 杉

杉树林

　　银杉，属于松科银杉属，为常绿乔木，是几百万年前的冰川纪时期遗留下来的植物，是世界珍稀物种，也是中国特有的物种，被誉为"植物界的国宝"，属于国家一级保护植物。银杉主干高大通直，挺拔秀丽，枝叶茂密，叶背面有两条银白色的气孔带，每当微风吹拂，便银光闪闪，银杉的美称便由此而来。

　　银杉植株高达24米，胸径通常达40厘米，少数达85厘米；树干通直，树皮呈暗灰色，裂成不规则的薄片；小枝上端和侧枝生长缓慢，呈浅黄褐色，无毛，或初被短毛，后变无毛，具微隆起的叶枕；芽无树脂，芽鳞脱落。叶螺旋状排列，辐射状散生，在小枝上端和侧枝上排列较密，线形，微曲或直，先端圆或钝尖，基部渐窄成不明显的叶柄，上面中脉凹陷，呈深绿色，下面沿中脉两侧有明显的白色气孔带，边缘微反卷，横切面上有2条边生树脂道；幼叶边缘具睫毛。雌雄同株；雄球花通常单生于2年生枝叶腋处；雌球花单生于当年生枝叶腋处。球果成熟需要两年，卵圆形，成熟时呈淡褐色或栗褐色；种鳞13～16枚，木质，蚌壳状，近圆形，背面有短毛，腹面基部着生种子2粒，宿存；苞鳞小，卵状三角形，具长尖，不露出。种子倒卵圆形，呈暗橄榄绿色，具不规则的斑点，种翅长10～15毫米。

在地质史上的意义

银杉为古老的残遗植物，该属的花粉曾在欧亚大陆第三纪沉积物中被发现。其形态特殊，胚胎发育与松属植物相近，对研究松科植物的系统发育、古植物区系、古地理及第四期冰期气候等，均有较重要的科研价值。

银杉遗存下来的原因

早在2亿多年前，银杉曾广布于北半球的欧亚大陆。但由于第四纪冰川的活动，许多植物遭到浩劫，相继死亡，银杉也濒于绝迹。由于中国南部的低纬度区，地形复杂，阻挡着冰川的袭击，中国的冰川分布比较零星，大多是山麓冰川，加上河谷地区受到温暖湿润的夏季风影响，冰川活动被限制在局部地区，这种得天独厚的自然环境，成了一些古老植物的避难所，使它们得以保存下来。

主　　根

主根是指由胚根细胞的分裂和伸长所形成的向下垂直生长的根，是植物体上最早出现的根。种子萌发时，胚根最先突破种皮，向下生长。裸子植物的主根明显而发达，能够形成直根系。

油 杉

油杉，属于松科油杉属，为常绿乔木类，是中国特有植物，是国家二级保护植物，生于海拔500米以下的低山丘陵阔叶林中，有时海拔可达800米。植株材质坚硬、细致、美观、耐磨、抗虫；木材纹理直，结构细，可作建筑、家具、船舱、面板等用材；树形优雅美观，可作庭园绿化树种。主要品种有海南油杉、黄枝油杉、江南油杉、矩鳞油杉、青岩油杉、柔毛油杉、铁坚油杉、云南油杉。

油杉植株高达30米，胸径达1米，树冠塔形；小枝呈淡红褐色。叶条形，排成2列，表面呈亮绿色，背面呈淡绿色。雄球花5～8个簇生枝顶或叶腋处，雌球花单生侧枝顶端。球果直立，圆柱形；中部种鳞斜方形或斜方状卵形，长约4厘米，宽2.5～3厘

云南油杉

米，鳞背露出部分无毛，先端钝或微凹，微反曲；苞鳞长为种鳞的一半，中下部微窄缩，上部近圆形，先端不明显三裂，中裂窄三角状，长约2.5毫米，侧裂钝圆。种子近三角状椭圆形，种翅厚膜质，中下部较宽，宽13～14毫米，与种鳞几等长，先端钝。花期3～4月，果熟期10月。

黄枝油杉

黄枝油杉属于松科油杉属，为常绿乔木，是中国特有树种，是一类古老的树种，生命力强，能生长在土壤干燥或岩石裸露的地方。植株高达28米，树皮呈灰褐色或暗褐色，片状剥落；球果圆柱形，成熟时呈淡绿色或淡黄绿色。

柔毛油杉

柔毛油杉属于松科油杉属，为常绿乔木，是国家级重点保护树种，是古老的孑遗植物，抗风力强。植株高达30米，树皮呈暗褐色或灰褐色；球果成熟前呈淡绿色，有白粉，短圆柱形或椭圆状圆柱形；种子具膜质长翅。

铁坚油杉

铁坚油杉，属于松科油杉属，为常绿乔木，是中国特有树种，耐寒性强。植株高达50米，树皮粗糙，呈暗深灰色，深纵裂；球果圆柱形。

杉树

海南粗榧

粗榧

　　海南粗榧属于三尖杉科三尖杉属，材质优良，其树皮、枝叶中分离出多种三尖杉碱，对治疗白血病及淋巴肉瘤有一定疗效，主要分布于热带和南亚热带，散生于海拔700～1200米山地雨林或季雨林区的沟谷、溪涧旁或山坡。

　　海南粗榧为常绿乔木，树干通直，高20～25米，胸径可达60～110厘米；树皮呈浅褐色或褐色，少数呈红紫色，裂成片状脱落；枝基部有宿存芽鳞，髓心中部具树脂道1条。叶交互对生，两列，线形，质地较薄，中上部向上侧微弯或直，长2～4厘米，宽2.5～3.3毫米，先端急尖或渐尖，基部圆截形或圆形，几无柄，两面中脉隆起，上面呈绿色，下面有两条白色气孔带。雌雄异株，偶有同株；雄球花聚生，圆球状，腋生，直径6～9毫米，总梗长4～5毫米；雌球花具长梗，生于小枝基部苞腋处，少数顶生，有数对交互对生的苞片，每苞腋着生胚珠2个，胚珠生于球托之上。种子簇生于梗端，翌年成熟，下垂，全部包于肉质假种皮中，倒卵状椭圆形、椭圆形或倒卵圆卵形，微扁，长2.2～3.2厘米，顶端有突尖，成熟时假种皮常呈红色。

雄球花腋生

雄球花，又称为"小孢子叶球"，是指裸子植物的雄花序，由多数鳞片组成，长圆形或长椭圆形，一般着生在当年春季新生长枝的基部，这种生长方式称为"腋生"。花粉囊生长在雄球花的鳞片背面，内有花粉，花粉粒具翅，能随风传播。

假 种 皮

假种皮是指某些种子外覆盖的特殊结构，多为肉质，由珠柄或珠托发育而成，一般色彩鲜艳。

种 皮

种皮是由珠被发育而成的，包裹在种子的外面，起到保护胚和胚乳的作用。向日葵等植物只有一层种皮，油菜等植物具有内种皮和外种皮两层种皮，一般外种皮厚而坚硬，内种皮薄而柔软。

红豆杉的果实